Thomas Wondrak

Beiträge zur Methodik und Anwendung der kontaktlosen induktiven Strömungstomographie

TUDpress

Reihe Maxwell

Herausgegeben von Hans Georg Krauthäuser und Ralf Theo Jacobs

Band 1

Thomas Wondrak

Beiträge zur Methodik und Anwendung der kontaktlosen induktiven Strömungstomographie

TUDpress

Die vorliegende Arbeit wurde unter dem Titel „Beiträge zur Methodik und Anwendung der kontaktlosen induktiven Strömungstomographie" von der Fakultät Elektrotechnik und Informationstechnik der Technischen Universität Dresden zur Erlangung des akademischen Grades eines Doktoringenieurs (Dr.-Ing.) als Dissertation genehmigt.

Bibliografische Information der Deutschen Nationalbibliothek
Die Deutsche Nationalbibliothek verzeichnet diese Publikation in der Deutschen Nationalbibliografie; detaillierte bibliografische Daten sind im Internet über http://dnb.d-nb.de abrufbar.

Bibliographic information published by the Deutsche Nationalbibliothek
The Deutsche Nationalbibliothek lists this publication in the Deutsche Nationalbibliografie; detailed bibliographic data are available in the Internet at http://dnb.d-nb.de.

ISBN 978-3-944331-47-8

Verlag der Wissenschaften GmbH
Bergstr. 70 | D-01069 Dresden
Tel.: +49 351 47969720 | Fax: +49 351 47960819
http://www.tudpress.de

Gesetzt vom Autor.
Printed in Germany.

Technische Universität Dresden

Beiträge zur Methodik und Anwendung der kontaktlosen induktiven Strömungstomographie

Thomas Wondrak

von der Fakultät Elektrotechnik und Informationstechnik der Technischen Universität Dresden

zur Erlangung des akademischen Grades eines

Doktoringenieurs

(Dr.-Ing.)

genehmigte Dissertation

Vorsitzender:	Prof. Dr.-Ing. habil. J. Czarske
Gutachter:	Prof. Dr. rer. nat. habil. H. G. Krauthäuser
	Prof. Dr.-Ing. habil. U. Hampel
Tag der Einreichung:	02.10.2012
Tag der Verteidigung:	16.04.2013

Danksagung

Für die Unterstützung, die mir beim Erstellen dieser Arbeit zuteil wurde, möchte ich zuerst Herrn Professor Dr. Krauthäuser von der Technischen Universität Dresden danken, der meine Arbeit betreute und mir mit vielen Hilfestellungen und Anregungen insbesondere die theoretischen Aspekte zu klären half. Herrn Professor Dr. Hampel danke ich dafür, dass er sich als Zweitgutachter zur Verfügung stellte und mir viele Tipps bezüglich der Messtechnik gab.

Mein ausdrücklicher Dank gilt meinen beiden Betreuern Herrn Dr. Stefani und Herrn Gundrum, die mich in vorbildlicher Weise in das Themengebiet einführten, sich bereitwillig für lange Diskussionen Zeit nahmen und mir bei allen auftretenden Problemen mit zahlreichen wichtigen Ratschlägen helfend zur Seite standen. Bei Herrn Timmel bedanke ich mich ganz besonders dafür, dass er bei den vielen Messungen an der Mini-LIMMCAST Anlage geduldig die Anlage steuerte und mich auch bei der Konstruktion der Spulen und Halterungen der Sonden unterstützte. Herrn Dr. Galindo gebührt Dank dafür, dass er mich in die numerische Strömungssimulation einführte. Für die Unterstützung bei den Zweiphasenmessungen bedanke ich mich bei Herrn Klotsche. Mein Dank gilt auch den übrigen Mitgliedern der Abteilung für Magnetohydrodynamik für die kollegiale Zusammenarbeit.

Da ein präziser Messaufbau, wie er für meine Arbeit notwendig war, ohne eine gute Werkstatt nicht möglich ist, gebührt mein ausdrücklicher Dank Herrn Nowak, Herrn Kunadt und Herrn Borchardt dafür, dass sie neben der präzisen Ausführung der Arbeiten mir auch immer mit guten und konstruktiven Ideen bei der Planung der nötigen Aufbauten helfend zur Seite standen.

Auch bedanke ich mich beim Team der Siltroinc AG in Burghausen, Herrn Dr. von Ammon, Herrn Dr. Miller, Herrn Dr. Weber, Herrn Dr. Ratnieks und Herrn Schachinger dafür, dass sie mir eine Messung an einer in der Industrie eingesetzten Czochralski-Kristallzüchtungsanlge ermöglichten. Besonders zu erwähnen ist die sehr gute Zusammenarbeit bei der Vorbereitung, als auch bei der Durchführung der Messungen.

Nicht zuletzt bedanke ich mich bei meiner Frau für ihre Geduld und ihre liebevolle Unterstützung während meiner gesamten Promotion.

Abstract

Even a rough knowledge of the flow structure in liquid metals or semiconductor melts would be of high value in a number of technological applications, such as in continuous casting of steel or in crystal growth facilities. The flow measurement in such liquids is usually hampered by their high temperature and their opaqueness. At Helmholtz-Zentrum Dresden-Rossendorf (HZDR), a contactless measuring technique has been developed that relies on the induction in moving electrical conductors. In this "Contactless Inductive Flow Tomography" (CIFT) the three-dimensional velocity field is reconstructed from external measurements of the flow induced perturbations of applied magnetic fields.

The present dissertation aims at those applications of CIFT that could be relevant for industrial processes, such as continuous casting or silicon crystal growth. For this purpose, we developed a CIFT system with 14 magnetic field probes for a physical model of a continuous caster. This system allows the online monitoring of the time-dependent velocity field in the mold with a temporal resolution of 1 Hz. With this system we were able to reconstruct several transitions between different flow regimes in the mold in the industrially relevant configuration of a two-phase flow in the mold. Complementary measurements with Ultrasound Doppler Velocimetry of the flow served to validate the CIFT reconstruction of the velocity field. In order to minimize perturbations of the magnetic field measurement by changes of the environmental magnetic field, we have invested the use of gradiometric probes as well as the application of AC magnetic field which allows also the use of induction coils. Further to this, CIFT was extended to the case of conducting walls. Another focus of the work was on the first magnetic field measurements in an industrial Czochralski crystal growth facility. It was shown that the flow induced magnetic field perturbations are indeed measurable outside a crystal growth facility, despite the large distance between the sensors and the silicon melt.

In this dissertation we have shown that despite the comparably small induced magnetic fields CIFT has a great potential for industrial applications, in particular for an online monitoring of the flow field in continuous casting of steel.

Kurzfassung

Den Strömungszustand von Metall- oder Halbleiterschmelzen auch nur ungefähr zu kennen, wäre bei vielen technischen Anwendungen, wie z. B. beim kontinuierlichen Stranggießen von Stahl oder bei verschiedenen Kristallzüchtungsverfahren in der Halbleiterindustrie, von großem Wert. Die Messung der Strömung stellt aufgrund der hohen Temperaturen von oft mehr als 1000 °C und aufgrund der Intransparenz der Schmelzen besonders hohe Anforderungen an die Messtechnik. Am Helmholtz-Zentrum Dresden-Rossendorf (HZDR) wurde ein auf der Induktion in bewegten Leitern basierendes kontaktloses Messverfahren, die kontaktlose induktive Strömungstomographie (contactless inductive flow tomography (CIFT)), entwickelt, die aus der Messung der durch die Strömung verzerrten angelegten Magnetfelder ein dreidimensionales Geschwindigkeitsfeld in der Schmelze rekonstruiert.

In der vorliegenden Arbeit wird untersucht, ob sich CIFT auch bei industriell relevanten Anwendungen wie beim kontinuierlichen Stranggießen oder beim Ziehen von monokristallinen Siliziumkristallen einsetzen lässt. Dazu wurde CIFT für ein Modell einer Stranggießanlage adaptiert und ein Messsystem mit 14 Magnetfeldsensoren entwickelt, das es ermöglicht die dominierende zweidimensionale Strömung in der Kokille für das Brammengießen mit einer zeitlichen Auflösung von 1 Hz zu rekonstruieren. In einer Versuchsreihe mit einer Zweiphasenströmung konnten bei hohen Gasdurchflüssen Übergänge zwischen unterschiedlichen Strömungsregimen visualisiert werden. Begleitende Ultraschall-Doppler Geschwindigkeitsmessungen wurden für die Validierung der von CIFT rekonstruierten Geschwindigkeitsverteilung herangezogen. Für die Anwendung von CIFT in einer industriell relevanten Umgebung wurde CIFT dahingehend erweitert, dass Gradientensonden, ein Wechselfeld als Messfeld und Tiegel mit leitfähigen Wänden eingesetzt werden können. Ein weiterer Schwerpunkt dieser Arbeit waren erste Magnetfeldmessungen für CIFT an einer in der Industrie eingesetzten Czochralski-Ziehanlage. Dabei konnte gezeigt werden, dass trotz des großen Abstands zwischen Tiegel und Magnetfeldsensor das durch die Strömung induzierte Magnetfeld außerhalb der Anlage detektierbar ist.

Diese Arbeit belegt, dass trotz der typischerweise sehr kleinen zu messenden induzierten Magnetfelder CIFT ein großes Potential für den Einsatz in industriell relevanten Anwendungen hat, insbesondere für die permanente Überwachung der Strömungsverhältnisse im Stahlguss.

Inhaltsverzeichnis

1 Einleitung

Den Strömungszustand von Metall- oder Halbleiterschmelzen auch nur ungefähr zu kennen, wäre bei vielen technischen Anwendungen, wie z. B. beim kontinuierlichen Stranggießen von Stahl und bei verschiedenen Kristallzüchtungsverfahren in der Halbleiterindustrie, von großem Wert. Da die Strömung der Schmelze entscheidend den Wärme- und Stofftransport beeinflusst, hat sie einen großen Einfluss auf die Qualität der erzeugten Produkte. So spielt z. B. beim kontinuierlichen Stahlgießen die Strömung eine wichtige Rolle bei der Entstehung von Oberflächendefekten und von Einschlüssen im erstarrten Stahl. Auch bei flüssigmetallgekühlten Systemen, wie schnellen Kernreaktoren, Transmutationsanlagen oder Spallationsquellen, ist die Kenntnis nicht nur des Durchflusses sondern auch der Strömungsstruktur in einzelnen Komponenten von entscheidender Bedeutung, um z. B. kritische Zustände der Anlage oder Ablagerungen und Defekte an einzelnen Komponenten erkennen zu können.

Aufgrund der hohen Temperaturen von oft mehr als 1000 °C und der Intransparenz der Schmelzen bestehen besonders hohe Anforderungen an die Messtechnik. So können etablierte optische Methoden wie die Particle Image Velocimetry (PIV) oder die Laser-Doppler Anemometrie (LDA), mit denen ein zweidimensionales Geschwindigkeitsfeld in durchsichtigen Fluiden messbar ist, nicht eingesetzt werden.

Für das kontinuierliche Stranggießen von Stahl werden in der Industrie einfache mechanische Messmethoden, wie die „Paddel-Methode“ und die „Nagelbrett-Methode“ angewendet, die jedoch nur lokal an der Sonde eine Geschwindigkeitskomponente in der Schmelze erfassen können. So besteht z. B. das Nagelbrett aus einer Reihe von Stahl- und Aluminiumstiften, die kurz in das Schmelzbad eingetaucht werden, um die Oberflächengeschwindigkeit zu messen. Aufgrund der Form der an den Stahlstiften erstarrten Stahltropfen, kann auf die Richtung und die ungefähre Strömungsgeschwindigkeit geschlossen werden [66].

Für niedrigschmelzende Metalle oder Legierungen gibt es Drucksonden, mechanisch-optische Sonden und Potentialsonden, die alle nur die Geschwindigkeit lokal an der Sonde messen. Soll ein Geschwindigkeitsprofil entlang einer Linie gemessen werden, hat es sich bewährt, das Ultraschall-Doppler-Verfahren (UDV) einzusetzen, das allerdings das Vorhandensein von Streuteilchen in der Schmelze voraussetzt [13]. Beim Ultraschall-Doppler-Verfahren wird der Doppler-Effekt ausgenutzt, um entlang des Ultraschallstrahls die Bewegung der Streuteilchen zu messen. Mit dieser Methode kann ein Geschwindigkeitsprofil in guter örtlicher und zeitlicher Auflösung erstellt werden. Setzt man mehrere UDV-Sonden gleichzeitig ein, lässt sich auch eine Geschwindigkeitskomponente auf einer zweidimensionalen Ebene messen. Dabei ist zu beachten, dass die zur Schallerzeugung verwendeten Piezo-Elemente die Temperatur von etwa 200 °C nicht überschreiten dürfen, da sie sonst zerstört werden. Bei heißeren Schmelzen können Wellenleiter eingesetzt werden, die den Abstand des Ultraschallsensors zur Schmelze vergrößern und somit die Temperatur am Sensor reduzieren [13]. Mit dieser Methode können Messungen in Schmelzen durchgeführt werden, die bis zu 620 °C heiß sind [15]. Alle bisher genannten Messtechniken benötigen direkten Kontakt zur Schmelze. Dies wird aber bei sehr heißen und/oder chemisch aggressiven Schmelzen schwierig, weshalb kontaktlose Messmethoden vorteilhaft sind.

Ein kontaktloses Verfahren ist die Durchleuchtung der Schmelze mit Röntgenstrahlen, das Unterschiede in der Dichte der Schmelze abbilden kann. Wie das Ultraschall-Doppler-Verfahren benötigt diese Methode Streuteilchen, die eine andere Dichte als die Schmelze besitzen müssen und deren Bewegung ähnlich zu PIV aus den aufgenommenen Durchleuchtungsbilder extrahiert wird [32, 73]. Die Dicke des durchleuchteten Schmelzevolumens ist jedoch sehr begrenzt, da die meisten flüssigen Metalle die Röntgenstrahlen stark schwächen.

Die meisten kontaktlosen Verfahren, die ohne Streuteilchen auskommen und somit auch bei hochreinen Schmelzen einsetzbar sind, basieren auf dem Prinzip der Induktion, da die Metall- als auch die Halbleiterschmelzen eine hohe elektrische Leitfähigkeit besitzen. Hierbei wird ausgenutzt, dass unter Einfluss eines von außen angelegten Magnetfeldes durch die Strömung der Schmelze ein elektrischer Strom in der Schmelze induziert wird, dessen Magnetfeld außerhalb der Schmelze direkt oder indirekt gemessen werden kann. Dieses induzierte Magnetfeld trägt Informationen über die Strömungsstruktur in der Schmelze. Deshalb wurden schon früh zur Messung der Durchflussrate in einem Kanal elektromagnetische Messmethoden eingesetzt [54]. Neuentwicklungen auf diesem Gebiet sind die Lorentzkraft-Anemometrie [65] und der am Helmholtz-Zentrum Dresden-Rossendorf (HZDR) entwickelte Phasensensor [50].

Erste Vorschläge zu einer ortsaufgelösten Rekonstruktion des Geschwindigkeitsfeldes, die auf der Messung des induzierten Magnetfeldes basiert, wurden von Baumgartl et al. [5] 1993 veröffentlicht. In einem Experiment konnte gezeigt werden, dass das induzierte Magnetfeld, das außerhalb der Schmelze gemessen wurde, Informationen über die Strömung trägt und daher für die Bestimmung des Geschwindigkeitsfeldes in der Schmelze eingesetzt werden kann. Die Idee der Rekonstruktion wurde anschließend von Berkov und Gorn [6] genauer untersucht, wobei nur ein ein- und zweidimensionales Strömungsprofil in einem Kanal visualisiert werden sollte. Die Möglichkeit einer dreidimensionalen Rekonstruktion der Strömung wird zwar erwähnt, jedoch wird kein Beispiel dafür gegeben. Unabhängig von diesen beiden Arbeiten wurde 1993 von Kasuga et al. [33] in seiner Veröffentlichung vorgeschlagen, den durch die Strömung induzierten elektrischen Strom im Tiegel einer Czochralski-Kristallzüchtungsanlage aus der Messung des induzierten Magnetfeldes zu bestimmen. Die Möglichkeit der Rekonstruktion des Geschwindigkeitsfeldes wurde aber nicht untersucht.

Interessanterweise wurde in allen drei Arbeiten der Effekt der Ohm'schen Ströme, die durch das entstehende elektrische Feld erzeugt werden, vernachlässigt. Eine Methode zur Rekonstruktion eines dreidimensionalen Geschwindigkeitsfeldes aus der Messung des induzierten Magnetfeldes, die den Effekt des elektrischen Feldes mit berücksichtigt, wurde erst in der Arbeit von Stefani und Gerbeth [56] vorgestellt. Die daraufhin entwickelte kontaktlose induktive Strömungstomographie (contactless inductive flow tomography (CIFT)) [56, 57, 58, 60] ist in der Lage durch das Anlegen zweier orthogonal zueinander stehender Magnetfelder und durch die Messung der zugehörigen induzierten Magnetfelder außerhalb der Schmelze die großskaligen Anteile des dreidimensionalen Geschwindigkeitsfeldes in der Schmelze zu rekonstruieren.

Zur Demonstration dieser Messtechnik wurde am HZDR ein Experiment aufgebaut, bei dem ein Propeller in einem Zylinder, der mit einer niedrigschmelzenden Legierung gefüllt war, abhängig von der Rotationsrichtung zwei unterschiedliche dreidimensionale Geschwindigkeitsfelder erzeugen kann. Durch zwei orthogonal zueinander angeordnete Spulenpaare werden zwei Messfelder erzeugt, deren Deformation durch die Strömung mit 48 Hallsonden gemessen wird. Aus dieser Messung lässt sich die Strömung im Zylinder rekonstruieren. Durch einen Vergleich mit einer unabhängigen UDV-Messung des Strömungsprofiles an mehreren Stellen wurde das mit CIFT rekonstruierte globale Geschwindigkeitsfeld validiert [60].

Diese vorliegende Arbeit knüpft an diese Arbeiten an und untersucht, ob sich diese Messtechnik auch bei industriell relevanten Prozessen einsetzen lässt. Da bei diesen Prozessen im Allgemeinen die Strömungsgeschwindigkeiten geringer sind und der Abstand der Sonden zur Schmelze im Vergleich zum Demonstrationsexperiment größer ist, war zu Beginn nicht bekannt, ob sich das induzierte Magnetfeld in einer messbaren Größenordnung befindet. Schwerpunkte dieser Arbeit sind einerseits erste Magnetfeldmessungen an einer in der Industrie eingesetzten Kristallzüchtungsanlage und andererseits die Strömungsbestimmung in der Kokille beim kontinuierlichen Stranggießen von Brammen.

Beim kontinuierlichen Stranggießen fließt der flüssige Stahl in die Kokille, in der der Erstarrungsprozess beginnt. Unterhalb der Kokille wird der Strang auf dicht nebeneinanderliegenden Rollen weitertransportiert, bis er vollständig erstarrt ist und in Stücke geschnitten werden kann. Der in einer rechteckigen, mindestens doppelt so breiten als dicken Kokille erstarrte Stahl wird Bramme genannt. Für das kontinuierliche Stranggießen stand ein Modellexperiment zur Verfügung, das im Rahmen des Sonderforschungsbereichs 609 aufgebaut worden war [68]. Als erster Schritt wurde nur ein zweidimensionales Geschwindigkeitsfeld rekonstruiert, da aufgrund der Form der Brammen das dominierende Geschwindigkeitsfeld zweidimensional ist. Nachdem das inverse Problem für diese Anwendung angepasst und numerisch die Güte der Rekonstruktion untersucht wurde, war es ein Ziel, eine Messanordnung aufzubauen, mit der die zeitabhängige Strömung für unterschiedliche Gießparameter untersucht werden kann. Begleitend dazu wurde zur Verifikation dieser neuen Messtechnik die rekonstruierte Geschwindigkeit mit unabhängigen UDV-Messungen verglichen. Da die Wände der Kokille beim Stahlgießen aus Kupfer bestehen, wurde auch eine Erweiterung von CIFT für leitfähige Wände durchgeführt.

Bei den ersten Magnetfeldmessungen an einer Kristallzüchtungsanlage bei der Siltronic AG in Burghausen wurde untersucht, ob das sehr kleine induzierte Magnetfeld nicht nur unter den Bedingungen im Labor sondern auch an einer in der Industrie eingesetzten Kristallzüchtungsanlage messbar ist. Aufgrund des großen Abstands zwischen Sensor und Schmelze, der sich aus dem nötigen Aufbau für die Kühlung der Anlage ergibt, ist das induzierte Magnetfeld sehr klein, so dass schon kleinste Störungen aus dem Umgebungsmagnetfeld oder von den Heizern die Messung beeinträchtigen können.

Um die Störungen bei der Messung des induzierten Magnetfeldes zu reduzieren, wurden begleitend zu diesen beiden Projekten auch die Messung des räumlichen Gradienten und der Einsatz eines Wechselfeldes als Messfeld untersucht. Ein großer Vorteil des Wechselfeldes ist die Möglichkeit, Induktionsspulen zu verwenden. Diese haben den Vorteil, auch bei starken statischen Magnetfeldern einsetzbar zu sein.

Diese Arbeit gliedert sich in folgende Kapitel: Nach diesem einleitenden Kapitel 1 stellt Kapitel 2 die mathematischen Grundlagen der kontaktlosen induktiven Strömungstomographie und das Demonstrationsexperiment vor. Das darauffolgende Kapitel 3 fasst die neu entwickelten Erweiterungen der CIFT-Methode zusammen, die nicht spezifisch für eine spezielle Anwendung sind. Hier werden u.a. die Adaption von CIFT an eine gradiometrische Messung, die Analyse der Messdaten für die Anwendung eines Wechselfeldes als Messfeld und die Erweiterung von CIFT auf leitfähige Wände dargelegt.

Kapitel 4 stellt nach Einführung in das kontinuierliche Stahlgießen und nach Auflistung der wichtigsten strömungsinduzierten Probleme das Modell der Stranggießanlage vor und erklärt die Entwicklung von CIFT für dieses Modell. Zusätzlich werden die Ergebnisse zweier Versuchsreihen präsentiert, bei denen die Strömung in der Kokille für unterschiedliche Parameter mit einem System mit 14 Sonden untersucht wurde. Anschließend stellt Kapitel 5 ausgewählte Messungen mit Störungen aus der Umgebung vor und beschreibt die ersten Experimente mit Gradientensonden und mit einem Wechselfeld als Messfeld. Zudem wird auch die erste Messung und Simulation mit leitfähigen Wänden vorgestellt. Kapitel 6 präsentiert die ersten Messungen an der Kristallzüchtungsanlage bei der Siltronic AG in Burghausen. Nach der Beschreibung der eingesetzten Messtechnik, wird für vier ausgewählte Experimente mit unterschiedlichen Heizer- und Messfeld-Konfigurationen das gemessene induzierte Magnetfeld gezeigt. Die Arbeit schließt in Kapitel 7 mit einer Zusammenfassung und einem Ausblick über weiterführende Entwicklungen für CIFT ab. In der vorliegenden Arbeit wird als Dezimaltrennzeichen der Dezimalpunkt anstelle des im Deutschen üblichen Dezimalkommas verwendet.

2 Grundlagen der kontaktlosen Strömungstomographie

Die erste Arbeit, in der eine kontaktlose Messung des Geschwindigkeitsfeldes in flüssigen Metallen durch die Messung des induzierten Magnetfeldes außerhalb der Schmelze untersucht wurde, veröffentlichten Baumgartl et al. 1993 [5]. In dem dort beschriebenen Experiment wurde in einem mit flüssigem Gallium gefüllten Zylinder eine Strömung durch einen axialen Temperaturgradienten erzeugt. Je nach Stärke dieses Gradienten stellte sich ein stationäres oder ein oszillierendes Strömungsregime ein, wobei die entstehenden Geschwindigkeiten in der Größenordnung von $10\,\mathrm{mm\,s^{-1}}$ lagen. Dieser Zylinder wurde in ein axiales homogenes magnetisches Messfeld von $2\,\mathrm{mT}$ gestellt. Die Wechselwirkung der Strömung mit dem angelegten Magnetfeld induzierte einen elektrischen Strom in der Galliumschmelze, der wiederum ein Magnetfeld erzeugte, das außerhalb des Zylinders messbar war. Die radiale Komponente dieses induzierten Magnetfeldes wurde mit zwei gegenüberliegenden Fluxgatesonden außerhalb des Zylinders gemessen. Im Experiment war der Übergang von einem stationären zu einem oszillierenden Strömungsregime eindeutig in den Magnetfelddaten nachweisbar. Für die oszillierende Strömung wurde die Differenz der beiden Fluxgatesonden mit einer Temperaturmessung am Rand des Zylinders verglichen, wobei eine Übereinstimmung in der Frequenz beider Signale gefunden wurde. Die Amplitude der Felddifferenz lag in der Größenordnung von $5\,\mathrm{nT}$. Mit diesem Experiment konnte gezeigt werden, dass dieses sehr kleine induzierte Magnetfeld außerhalb der Schmelze messbar ist.

Zudem wurden einige numerische Simulationen durchgeführt, bei denen für verschiedene Strömungsstrukturen im Zylinder das induzierte Magnetfeld außerhalb des Zylinders berechnet wurde, das ebenfalls charakteristische Unterschiede zeigte. Daraus wurde geschlossen, dass das induzierte Magnetfeld Informationen über die Strömungsstruktur in der Schmelze trägt und aus ihm das Geschwindigkeitsfeld in der Schmelze rekonstruiert werden könnte, wenn das induzierte Magnetfeld an genügend vielen Positionen außerhalb des Zylinders für mehrere unterschiedliche Messfelder gemessen wird.

An diese Ergebnisse schließt sich die Arbeit von Berkov und Gorn [6] an, die sich eingehender mit dem inversen Problem der Rekonstruktion eines Strömungsprofils in einem unendlich langen Rohr aus dem außerhalb des Rohrs gemessenen induzierten Magnetfeld befasst. Die Autoren konnten numerisch zeigen, dass sich in einem solchen Rohr ein eindimensionales Strömungsprofil durch Messung der radialen Komponente des induzierten Feldes auf einem Kreis außerhalb des Rohrs rekonstruieren lässt. Für die Rekonstruktion eines zweidimensionalen Strömungsprofils, bei dem die Geschwindigkeit nicht nur vom Radius sondern auch von der azimutalen Position abhängt, werden für die gleiche Sensoranordnung mehrere Messfelder in unterschiedliche Richtungen benötigt. Dabei ist das Strömungsprofil durch eine Entwicklung einer geeigneten orthogonalen Basis eines passenden Funktionenraumes parametrisiert, wobei bereits die Haftbedingung an der Wand erfüllt ist. Für die dreidimensionale Rekonstruktion wird lediglich empfohlen, die Sonden auf einer Ebene um das Rohr zu platzieren und mehrere Messfelder zu verwenden. Die möglichen Geschwindigkeitsfelder sollen analog zum zweidimensionalen Fall durch eine Entwicklung einer geeigneten orthogonalen Basis parametrisiert werden. Ein Beispiel einer dreidimensionalen Rekonstruktion wurde nicht gegeben.

Unabhängig von diesen beiden Arbeiten wurden 1993 von Kasuga et al. [33] ähnliche Untersuchungen für die Strömung in einem Tiegel einer Czochralski-Kristallzüchtungsanlage durchgeführt. Hierbei sollte der Einfluss von starken externen Magnetfeldern auf die Strömung der Schmelze im Tiegel untersucht werden. Dabei beschränkten sich die Autoren auf die Messung des induzierten Magnetfeldes außerhalb der Schmelze und betrachteten nicht die Möglichkeit der Rekonstruktion des Geschwindigkeitsfeldes in der Schmelze.

Erwähnenswert ist, dass in allen drei Arbeiten der Einfluss der durch das elektrische Feld erzeugten Ohm'schen Ströme (Sekundärströme) auf das Magnetfeld außerhalb der Schmelze vernachlässigt wurde. Diese Vereinfachung ist zwar für den Spezialfall eines unendlich ausgedehnten Volumens mit homogener Leitfähigkeit möglich, jedoch nicht für ein reales Experiment, bei dem immer die Sekundärströme berücksichtigt werden müssen. Diese Sekundärströme stellen im Allgemeinen für das induzierte Magnetfeld keine kleine Korrektur dar, sondern können, je nach Geometrie der Strömung und der Messfelder, die aus der elektromotorischen Kraft resultierenden Primärströme vollständig kompensieren. Erst in der Arbeit von Stefani und Gerbeth [56] wurde eine Methode zur dreidimensionalen Strömungsrekonstruktion in leitfähigen Flüssigkeiten aus dem außerhalb des Fluids gemessenen induzierten Magnetfeld und dem an der Wand gemessenen elektrischen Potential vorgestellt, wobei die Sekundärströme in der Schmelze erstmals berücksichtigt wurden. Als Beispiel, in dem die Sekundärströme eine entscheidende Rolle spielen, ist eine rein toroidale Strömung in einem Zylinder angegeben, die einem homogenen axialen Magnetfeld ausgesetzt ist. In diesem Fall entsteht ein Stromsystem, bei dem kein Magnetfeld außerhalb des Fluids detektierbar ist.

Der Effekt dieser mit dem elektrischen Feld verbundenen Ströme wurde bereits in der Medizin bei der Magnetokardiographie (MKG) und der Magnetoenzephalographie (MEG) [25] behandelt. In beiden Anwendungen werden aus der Messung des Magnetfeldes außerhalb des menschlichen Körpers die elektrischen Ströme entlang der Axione der Nerven im Körper rekonstruiert. Im Fall der MKG wird die räumliche Ausbreitung der Aktivierung des Herzmuskels vom Sinusknoten aus zur Diagnose, z. B. einer geschädigten Reizweiterleitung, untersucht. Bei der MEG werden die aktiven Zentren im Gehirn zur Diagnose von Epilepsie oder zur Grundlagenforschung bestimmt. Für die Rekonstruktion der Strömung von leitfähigen Flüssigkeiten wurden die etablierten Methoden der MEG übernommen und für diese Anwendung adaptiert.

In dieser ersten Arbeit von Stefani und Gerbeth wurde rein numerisch für verschiedene Geschwindigkeitsfelder das induzierte Magnetfeld und die Potentialverteilung an der Wand für ein von außen angelegtes Messfeld berechnet und die Strömung daraus rekonstruiert. Nachdem in einer Kugel die Eindeutigkeit der Rekonstruktion der Strömung unter Verwendung einer geeigneten Regularisierung gezeigt werden konnte [58], wurde die Messung des Potentials an der Wand durch die Messung des induzierten Magnetfeldes für ein zusätzliches zweites Messfeld ersetzt, um eine kontaktlose Messung der Strömung realisieren zu können [57]. Diese neue Methode wurde kontaktlose induktive Strömungstomographie (Contactless inductive flow tomography), kurz CIFT, genannt. Die Anwendbarkeit dieser Methode, vor allem die Messbarkeit der sehr kleinen induzierten Magnetfelder, wurde anschließend an einem Demonstrationsexperiment gezeigt [60].

In diesem Kapitel werden kurz die Grundlagen von CIFT und das Demonstrationsexperiment beschrieben, da diese den Ausgangspunkt der vorliegenden Arbeit bilden.

2.1 Grundlagen

Um das Geschwindigkeitsfeld aus der Messung des induzierten Magnetfeldes außerhalb der Schmelze rekonstruieren zu können, wird zunächst ein mathematisches Modell benötigt, das das induzierte Magnetfeld mit den Geschwindigkeiten im Fluid verknüpft [56]. Als Ausgangspunkt dienen die Maxwellschen Gleichungen [29]

$$\nabla \cdot \mathbf{D} = \rho \,, \tag{2.1}$$

$$\nabla \times \mathbf{E} = -\frac{\partial \mathbf{B}}{\partial t} \,, \tag{2.2}$$

$$\nabla \cdot \mathbf{B} = 0 \,, \tag{2.3}$$

$$\nabla \times \mathbf{H} = \mathbf{j} + \frac{\partial \mathbf{D}}{\partial t} \tag{2.4}$$

für die dielektrische Verschiebung **D**, das elektrische Feld **E**, die magnetische Feldstärke **H** und die magnetische Flussdichte **B**. Dabei bezeichnen ρ die Ladungsdichte und **j** die Stromdichte. In einem Medium gelten folgende Zusammenhänge:

$$\mathbf{D} = \epsilon \mathbf{E} \,, \tag{2.5}$$

$$\mathbf{B} = \mu \mathbf{H} \,, \tag{2.6}$$

$$\mathbf{j} = \sigma \mathbf{E} \,, \tag{2.7}$$

wobei ϵ die Permittivität, μ die Permeabilität und σ die Leitfähigkeit des Mediums ist. Bei Betrachtung von Schmelzen, deren Leitfähigkeit σ in der Größenordnung von $10^6\,\Omega^{-1}\,\mathrm{m}^{-1}$ liegt, werden in der Magnetohydrodynamik (MHD) folgende Annahmen getroffen (MHD-Approximation) [12, 29, 45]:

1. Alle auftretenden Geschwindigkeiten v sind viel kleiner als die Lichtgeschwindigkeit c_0.

2. Das Fluid ist nicht magnetisierbar:

$$\mathbf{B} = \mu_0 \mathbf{H} \,. \tag{2.8}$$

3. Das Fluid ist quasineutral, so dass $\rho \cong 0$ gilt. Daraus folgt, dass

$$\frac{\partial \rho}{\partial t} = 0 \tag{2.9}$$

   ist.

Aus der Quasineutralität und der hohen Leitfähigkeit der Schmelze können sehr kurze Ladungsrelaxationszeiten τ_e abgeleitet werden, die in der Größenordnung von $10^{-18}\,\mathrm{s}$ liegen [12]. Dies hat zur Folge, dass die dielektrische Verschiebungsstromdichte $\frac{\partial \mathbf{D}}{\partial t}$ gegenüber der Leitungsstromdichte **j** in Gleichung (2.4) vernachlässigt werden kann.

Zur Berücksichtigung der Geschwindigkeit $\mathbf{v}$ des Fluides wird das Ohm'sche Gesetz aus Gleichung (2.7) in der nicht relativistischen Näherung folgendermaßen erweitert [12, 17]:

$$\mathbf{j} = \sigma(\mathbf{v} \times \mathbf{B} + \mathbf{E}) \,. \tag{2.10}$$

Da $\mathbf{B}$ die Summe des von außen angelegten statischen Magnetfeldes $\mathbf{B}_0$ und des durch $\mathbf{j}$ erzeugten induzierten Magnetfeldes $\mathbf{b}$ ist, und da sich die Geschwindigkeitsverteilung nur langsam ändert, kann angenommen werden, dass

$$\frac{\partial \mathbf{B}}{\partial t} \approx 0 \tag{2.11}$$

gilt. Daraus folgt aus Gleichung (2.2), dass $\nabla \times \mathbf{E} = 0$ ist und das elektrische Feld

$$\mathbf{E} = -\nabla\varphi \tag{2.12}$$

gesetzt werden kann, wobei φ das elektrische Potential ist. Somit ergibt sich für den induzierten Strom $\mathbf{j}$ im Fluid

$$\mathbf{j} = \sigma(\mathbf{v} \times \mathbf{B} - \nabla\varphi) \,. \tag{2.13}$$

Dieser induzierte Strom $\mathbf{j}$ wiederum erzeugt ein magnetisches Feld $\mathbf{b}$, das sich durch Anwendung des Gesetzes von Biot-Savart auf die Gleichung (2.13) mit

$$\mathbf{b}(\mathbf{r}) = \frac{\mu_0\sigma}{4\pi} \iiint\limits_V \frac{\left[\mathbf{v}(\mathbf{r}') \times \mathbf{B}(\mathbf{r}') - \nabla'\varphi(\mathbf{r}')\right] \times (\mathbf{r} - \mathbf{r}')}{|\mathbf{r} - \mathbf{r}'|^3} dV' \tag{2.14}$$

berechnen lässt, wobei $\mathbf{r}'$ den Ortsvektor im Volumen V und dV' das Volumenelement bezeichnet. ∇' gibt an, dass die Ableitung nach $\mathbf{r}'$ erfolgt. Dieses Integral kann selbst in ein Volumenintegral über $\mathbf{v} \times \mathbf{B}$ und in ein Volumenintegral über den Gradienten aufgespalten werden:

$$\begin{aligned}\mathbf{b}(\mathbf{r}) = {} & \frac{\mu_0\sigma}{4\pi} \iiint\limits_V \frac{\left[\mathbf{v}(\mathbf{r}') \times \mathbf{B}(\mathbf{r}')\right] \times (\mathbf{r} - \mathbf{r}')}{|\mathbf{r} - \mathbf{r}'|^3} dV' \\ & - \frac{\mu_0\sigma}{4\pi} \iiint\limits_V \frac{\nabla'\varphi(\mathbf{r}') \times (\mathbf{r} - \mathbf{r}')}{|\mathbf{r} - \mathbf{r}'|^3} dV' \,.\end{aligned} \tag{2.15}$$

Das zweite Volumenintegral über den Gradienten des Potentials kann, wie im Folgenden gezeigt wird, in ein Oberflächenintegral umgewandelt werden, so dass für die Bestimmung von **b** das Potential φ nur auf dem Rand bekannt sein muss [21]. Da

$$\frac{\mathbf{r}-\mathbf{r}'}{|\mathbf{r}-\mathbf{r}'|^3} = \nabla' \frac{1}{|\mathbf{r}-\mathbf{r}'|} \tag{2.16}$$

gilt, lässt sich der Integrand schreiben als

$$\frac{\nabla'\varphi(\mathbf{r}') \times (\mathbf{r}-\mathbf{r}')}{|\mathbf{r}-\mathbf{r}'|^3} = \nabla'\varphi(\mathbf{r}') \times \nabla' \frac{1}{|\mathbf{r}-\mathbf{r}'|} \,. \tag{2.17}$$

Nutzt man die Vektoridentiät

$$\nabla' \times \left[\psi(\mathbf{r}')\mathbf{F}(\mathbf{r}')\right] = \psi(\mathbf{r}')\nabla' \times \mathbf{F}(\mathbf{r}') - \mathbf{F}(\mathbf{r}') \times \nabla'\psi(\mathbf{r}') \tag{2.18}$$

aus und setzt

$$\psi(\mathbf{r}') = \varphi(\mathbf{r}') \,, \tag{2.19}$$

$$\mathbf{F}(\mathbf{r}') = \nabla' \frac{1}{|\mathbf{r}-\mathbf{r}'|} \,, \tag{2.20}$$

so erhält man

$$\nabla' \times \left(\varphi(\mathbf{r}')\nabla' \frac{1}{|\mathbf{r}-\mathbf{r}'|}\right) = \varphi(\mathbf{r}') \left(\nabla' \times \nabla' \frac{1}{|\mathbf{r}-\mathbf{r}'|}\right) - \nabla' \frac{1}{|\mathbf{r}-\mathbf{r}'|} \times \nabla'\varphi(\mathbf{r}') \,. \tag{2.21}$$

Unter Beachtung der Tatsache, dass die Rotation eines Gradientenfeldes immer Null ist, und dass sich durch Tauschen der Reihenfolge des Kreuzproduktes das Vorzeichen ändert, ergibt sich für Gleichung (2.21):

$$\nabla' \times \left(\varphi(\mathbf{r}')\nabla' \frac{1}{|\mathbf{r}-\mathbf{r}'|}\right) = \nabla'\varphi(\mathbf{r}') \times \nabla' \frac{1}{|\mathbf{r}-\mathbf{r}'|} \,. \tag{2.22}$$

Mit dieser Umformung des Integranden in (2.15) lässt sich unter Ausnutzung der Integralidentität [29]

$$\iiint\limits_V \nabla' \times \mathbf{F}(\mathbf{r}') dV' = \oiint\limits_S \mathbf{n}(\mathbf{s}') \times \mathbf{F}(\mathbf{s}') dS' \tag{2.23}$$

mit

$$\mathbf{F}(\mathbf{r}') = \left(\varphi(\mathbf{r}')\nabla' \frac{1}{|\mathbf{r}-\mathbf{r}'|}\right) \tag{2.24}$$

aus Gleichung (2.22) das Volumenintegral zu dem Oberflächenintegral

$$\iiint\limits_V \nabla' \times \left(\varphi(\mathbf{r}')\nabla'\frac{1}{|\mathbf{r}-\mathbf{r}'|}\right) dV' = \oiint\limits_S \mathbf{n}(\mathbf{s}') \times \left(\varphi(\mathbf{s}')\nabla'\frac{1}{|\mathbf{r}-\mathbf{s}'|}\right) dS' \tag{2.25}$$

umformen. Durch Ausnutzung der Gleichungen (2.17) und (2.21) für den Integranden des Volumenintegrals und durch Ausnutzung der Identität in Gleichung (2.16) für den Integranden des Oberflächenintegrals lässt sich die Gleichung (2.25) zu

$$\iiint\limits_V \frac{\nabla'\varphi(\mathbf{r}') \times (\mathbf{r}-\mathbf{r}')}{|\mathbf{r}-\mathbf{r}'|^3} dV' = \oiint\limits_S \varphi(\mathbf{s}')\frac{\mathbf{n}(\mathbf{s}') \times (\mathbf{r}-\mathbf{s}')}{|\mathbf{r}-\mathbf{s}'|^3} dS' \tag{2.26}$$

transformieren. Durch Einsetzen von (2.26) in (2.15) ergibt sich somit für das induzierte Magnetfeld

$$\begin{aligned} \mathbf{b}(\mathbf{r}) = \frac{\mu_0\sigma}{4\pi} & \iiint\limits_V \frac{[\mathbf{v}(\mathbf{r}') \times \mathbf{B}(\mathbf{r}')] \times (\mathbf{r}-\mathbf{r}')}{|\mathbf{r}-\mathbf{r}'|^3} dV' \\ & - \frac{\mu_0\sigma}{4\pi} \oiint\limits_S \varphi(\mathbf{s}')\frac{\mathbf{n}(\mathbf{s}') \times (\mathbf{r}-\mathbf{s}')}{|\mathbf{r}-\mathbf{s}'|^3} dS' \, . \end{aligned} \tag{2.27}$$

Dabei bezeichnet $\mathbf{n}(\mathbf{s}')$ den Normalenvektor am Punkt $\mathbf{s}'$ auf der Oberfläche S.

Wie bereits erwähnt, kann der Beitrag des elektrischen Potentials zum induzierten Magnetfeld im Regelfall nicht vernachlässigt werden. Zur Rekonstruktion der Geschwindigkeit aus der externen Messung des Magnetfeldes wäre also die gleichzeitige Messung der Potentialverteilung an der Wand sehr hilfreich [56, 58]. Jedoch ist die Messung des Potentials an den Wänden sehr schwierig, insbesondere bei sehr heißen und/oder chemisch aggressiven Schmelzen. Um dies zu umgehen, muss für eine kontaktlose Methode die Potentialverteilung an der Wand implizit berechnet werden.

Dazu wird ausgenutzt, dass aus der Maxwell-Gleichung (2.4) und der MHD-Approximation (Gleichung (2.9))

$$\nabla \cdot \mathbf{j} = 0 \tag{2.28}$$

folgt. Unter dieser Bedingung kann aus der Gleichung (2.13) die Poissongleichung für das elektrische Potential gewonnen werden:

$$\nabla^2\varphi = \nabla \cdot (\mathbf{v} \times \mathbf{B}) \, . \tag{2.29}$$

Da das zu betrachtende Schmelzvolumen mit isolierenden Wänden umgeben ist, kann der Strom an den Wänden S nur tangential fließen, so dass folgende Bedingung am Rand gilt:

$$\mathbf{n} \cdot \mathbf{j} = 0 \; . \tag{2.30}$$

Setzt man in diese Gleichung den Strom in der Schmelze ein (Gleichung (2.13)), dann erhält man

$$\mathbf{n} \cdot \nabla\varphi = \mathbf{n} \cdot (\mathbf{v} \times \mathbf{B}) \; . \tag{2.31}$$

Daraus ergibt sich die folgende Randbedingung zur Lösung der Poissongleichung (2.29) [59]:

$$\left.\frac{\partial\varphi}{\partial n}\right|_S = \left[\mathbf{v}(\mathbf{s}) \times \mathbf{B}(\mathbf{s})\right] \cdot \mathbf{n}(\mathbf{s}) \; . \tag{2.32}$$

Um die Poissongleichung (2.29) unter der Bedingung (2.32) zu lösen, wird die zweite Green'sche Identität

$$\iiint\limits_V \left[\phi(\mathbf{r}')\nabla'^2\psi(\mathbf{r}') - \psi(\mathbf{r}')\nabla'^2\phi(\mathbf{r}')\right] dV' = \oiint\limits_S \left(\phi(\mathbf{s}')\frac{\partial\psi(\mathbf{s}')}{\partial n} - \psi(\mathbf{s}')\frac{\partial\phi(\mathbf{s}')}{\partial n}\right) dS' \tag{2.33}$$

ausgenutzt [29]. Dabei werden ϕ und ψ folgendermaßen gesetzt:

$$\phi(\mathbf{r}') = \varphi(\mathbf{r}') \; , \tag{2.34}$$

$$\nabla'^2\phi(\mathbf{r}') = \nabla' \cdot \left[\mathbf{v}(\mathbf{r}') \times \mathbf{B}(\mathbf{r}')\right] \; , \tag{2.35}$$

$$\psi(\mathbf{r}') = \frac{1}{|\mathbf{r} - \mathbf{r}'|} \; , \tag{2.36}$$

$$\nabla'\psi(\mathbf{r}') = \frac{\mathbf{r} - \mathbf{r}'}{|\mathbf{r} - \mathbf{r}'|^3} \; , \tag{2.37}$$

$$\nabla'^2\psi(\mathbf{r}') = -4\pi\delta(\mathbf{r} - \mathbf{r}') \; . \tag{2.38}$$

Die Gleichung (2.35) folgt aus Gleichung (2.29).

Nutzt man zudem noch aus, dass der letzte Term in Gleichung (2.33) für die Ableitung von φ bereits in Gleichung (2.32) als Randbedingung definiert wurde, ergibt sich also für die zweite Green'sche Identität aus Gleichung (2.33)

$$\begin{aligned}&\iiint\limits_V \varphi(\mathbf{r}')\big[-4\pi\delta(\mathbf{r}-\mathbf{r}')\big]dV' - \iiint\limits_V \frac{1}{|\mathbf{r}-\mathbf{r}'|}\Big[\nabla'\cdot\big[\mathbf{v}(\mathbf{r}')\times\mathbf{B}(\mathbf{r}')\big]\Big]dV' = \\ &\quad\oiint\limits_S \varphi(\mathbf{s}')\mathbf{n}(\mathbf{s}')\cdot\frac{\mathbf{r}-\mathbf{s}'}{|\mathbf{r}-\mathbf{s}'|^3}dS' - \oiint\limits_S \frac{1}{|\mathbf{r}-\mathbf{s}'|}\mathbf{n}(\mathbf{s}')\cdot(\mathbf{v}(\mathbf{s}')\times\mathbf{B}(\mathbf{s}'))dS' \,.\end{aligned} \tag{2.39}$$

Das erste Volumenintegral in Gleichung (2.39) lässt sich aufgrund der δ Funktion zu $\varphi(\mathbf{r})$ vereinfachen, wobei jedoch zu beachten ist, ob $\mathbf{r}$ im Volumen V oder auf dem Rand S des Volumens liegt, wie von Barnard gezeigt wurde [3]. Mit Umstellen der Summanden und Einführung eines Parameters p ergibt sich also aus Gleichung (2.39):

$$\begin{aligned}-4\pi p\varphi(\mathbf{r}) = &\iiint\limits_V \frac{\nabla'\cdot\big[\mathbf{v}(\mathbf{r}')\times\mathbf{B}(\mathbf{r}')\big]}{|\mathbf{r}-\mathbf{r}'|}dV' - \oiint\limits_S \frac{\mathbf{n}(\mathbf{s}')\cdot\big[\mathbf{v}(\mathbf{s}')\times\mathbf{B}(\mathbf{s}')\big]}{|\mathbf{r}-\mathbf{s}'|}dS' \\ &+ \oiint\limits_S \varphi(\mathbf{s}')\mathbf{n}(\mathbf{s}')\cdot\frac{\mathbf{r}-\mathbf{s}'}{|\mathbf{r}-\mathbf{s}'|^3}dS' \,,\end{aligned} \tag{2.40}$$

wobei für Punkte $\mathbf{r}$ im Volumen $p = 1$, für Punkte $\mathbf{r}$ auf der Oberfläche $p = \frac{1}{2}$ und $p = 0$ für Punkte außerhalb des Volumens V gesetzt wird [3, 59]. Durch Division durch -4π ergibt sich

$$\begin{aligned}p\varphi(\mathbf{r}) = &-\frac{1}{4\pi}\iiint\limits_V \frac{\nabla'\cdot\big[\mathbf{v}(\mathbf{r}')\times\mathbf{B}(\mathbf{r}')\big]}{|\mathbf{r}-\mathbf{r}'|}dV' + \frac{1}{4\pi}\oiint\limits_S \frac{\mathbf{n}(\mathbf{s}')\cdot\big[\mathbf{v}(\mathbf{s}')\times\mathbf{B}(\mathbf{s}')\big]}{|\mathbf{r}-\mathbf{s}'|}dS' \\ &-\frac{1}{4\pi}\oiint\limits_S \varphi(\mathbf{s}')\mathbf{n}(\mathbf{s}')\cdot\frac{\mathbf{r}-\mathbf{s}'}{|\mathbf{r}-\mathbf{s}'|^3}dS' \,,\end{aligned} \tag{2.41}$$

Die ersten beiden Summanden auf der rechten Seite lassen sich unter Ausnutzung des folgenden Divergenz-Theorems weiter vereinfachen:

$$\iiint\limits_V \Big[\mathbf{F}(\mathbf{r}')\cdot\big[\nabla'\psi(\mathbf{r}')\big] + \psi(\mathbf{r}')\big[\nabla'\cdot\mathbf{F}(\mathbf{r}')\big]\Big]dV' = \oiint\limits_S \psi(\mathbf{s}')\mathbf{F}(\mathbf{s}')\cdot\mathbf{n}(\mathbf{s}')dS' \,. \tag{2.42}$$

Setzt man dabei

$$\mathbf{F}(\mathbf{r}') = \mathbf{v}(\mathbf{r}') \times \mathbf{B}(\mathbf{r}') \,, \tag{2.43}$$

$$\psi(\mathbf{r}') = \frac{1}{|\mathbf{r} - \mathbf{r}'|} \,, \tag{2.44}$$

dann ergibt sich für die Gleichung (2.42):

$$\iiint\limits_V \left[[\mathbf{v}(\mathbf{r}') \times \mathbf{B}(\mathbf{r}')] \cdot \left(\nabla' \frac{1}{|\mathbf{r} - \mathbf{r}'|} \right) + \frac{1}{|\mathbf{r} - \mathbf{r}'|} \left(\nabla' \cdot [\mathbf{v}(\mathbf{r}') \times \mathbf{B}(\mathbf{r}')] \right) \right] dV' = \oiint\limits_S \frac{1}{|\mathbf{r} - \mathbf{s}'|} [\mathbf{v}(\mathbf{s}') \times \mathbf{B}(\mathbf{s}')] \cdot \mathbf{n}(\mathbf{s}') dS' \,. \tag{2.45}$$

Löst man den Gradienten von ψ entsprechend der Gleichung (2.37) auf und stellt den zweiten Summanden des Volumenintegrals auf die rechte Seite, dann erhält man:

$$\iiint\limits_V [\mathbf{v}(\mathbf{r}') \times \mathbf{B}(\mathbf{r}')] \cdot \frac{\mathbf{r} - \mathbf{r}'}{|\mathbf{r} - \mathbf{r}'|^3} dV' = - \iiint\limits_V \frac{\nabla' \cdot [\mathbf{v}(\mathbf{r}') \times \mathbf{B}(\mathbf{r}')]}{|\mathbf{r} - \mathbf{r}'|} dV' + \oiint\limits_S \frac{[\mathbf{v}(\mathbf{s}') \times \mathbf{B}(\mathbf{s}')] \cdot \mathbf{n}(\mathbf{s}')}{|\mathbf{r} - \mathbf{s}'|} dS' \,. \tag{2.46}$$

Setzt man (2.46) in Gleichung (2.41) ein, dann wird das Volumenintegral über die Divergenz und das Oberflächenintegral über $(\mathbf{v} \times \mathbf{B}) \cdot \mathbf{n}$ wie folgt ersetzt:

$$p\varphi(\mathbf{r}) = \frac{1}{4\pi} \iiint\limits_V [\mathbf{v}(\mathbf{r}') \times \mathbf{B}(\mathbf{r}')] \cdot \frac{\mathbf{r} - \mathbf{r}'}{|\mathbf{r} - \mathbf{r}'|^3} dV' - \frac{1}{4\pi} \oiint\limits_S \varphi(\mathbf{s}') \mathbf{n}(\mathbf{s}') \cdot \frac{\mathbf{r} - \mathbf{s}'}{|\mathbf{r} - \mathbf{s}'|^3} dS' \,. \tag{2.47}$$

Somit sind Gleichung (2.41) und Gleichung (2.47) Lösungen der Poissongleichung (2.29) für das Potential mit der Randbedingung (2.32).

Für das Potential an der Wand ($p = \frac{1}{2}$) ergibt sich somit aus Gleichung (2.47) für isolierende Wände:

$$\begin{aligned} \varphi(\mathbf{s}) = & \frac{1}{2\pi} \iiint\limits_V \frac{[\mathbf{v}(\mathbf{r}') \times \mathbf{B}(\mathbf{r}')] \cdot (\mathbf{s} - \mathbf{r}')}{|\mathbf{s} - \mathbf{r}'|^3} dV' \\ & - \frac{1}{2\pi} \oiint\limits_S \varphi(\mathbf{s}') \frac{\mathbf{n}(\mathbf{s}') \cdot (\mathbf{s} - \mathbf{s}')}{|\mathbf{s} - \mathbf{s}'|^3} dS' \,. \end{aligned} \tag{2.48}$$

Die beiden Integralgleichungen (2.27) und (2.48) ergeben ein gekoppeltes Integralgleichungssystem, das das induzierte Magnetfeld außerhalb der Schmelze aus der Geschwindigkeit des Fluids und dem Magnetfeld im Fluid bestimmt. Da in einigen metallurgischen Prozessen auch leitfähige Wände betrachtet werden müssen, wie z. B. die aus Kupfer bestehende Wand der Kokille beim kontinuierlichen Stahlgießen (siehe Kapitel 5.4), wird in Kapitel 3.5 eine entsprechende Erweiterung dieses Integralgleichungssystems hergeleitet.

Im Allgemeinen ist das magnetische Feld $\mathbf{B}$ im Fluid die Summe eines von außen angelegten Magnetfeldes $\mathbf{B}_0$ und des durch den induzierten elektrischen Strom im Fluid produzierten Magnetfeldes $\mathbf{b}$. Durch diese Rückkopplung ergibt sich ein nichtlineares Gleichungssystem, das sich durchaus auch zur Berechnung der magnetischen Selbsterregung in flüssigen Schmelzen einsetzen lässt, wie sie z. B. beim Erddynamo auftritt [79]. Dabei setzt man das von außen angelegte Magnetfeld $\mathbf{B}_0 = 0$ und berechnet geeignete Eigenwerte des Integralgleichungssystems (2.27) und (2.48), z. B. in der Form der Amplitude einer vorgegebenen Geschwindigkeitsstruktur.

Zur Bestimmung des Strömungsfeldes aus dem induzierten Magnetfeld, z. B. zur Berechnung der Strömung des flüssigen Eisens im Erdinneren aus dem Erdmagnetfeld, ist das Integralgleichungssystem für ein gegebenes induziertes Magnetfeld nach der gesuchten Geschwindigkeit aufzulösen, was aufgrund des komplizierten Integranden nur näherungsweise möglich ist.

Für die meisten industriell relevanten Anwendungen, wie das kontinuierliche Stranggießen oder das Czochralski-Kristallziehen, ist jedoch die Rückkopplung von $\mathbf{b}$ vernachlässigbar, da das induzierte Magnetfeld um Größenordnungen kleiner als das von außen angelegte Magnetfeld ist. Dieses Verhältnis von $b = |\mathbf{b}|$ zu $B_0 = |\mathbf{B}_0|$ ist proportional zur magnetischen Reynolds-Zahl, die mit

$$\mathrm{Rm} = \mu_0 \sigma l v \tag{2.49}$$

definiert ist, wobei l eine typische charakteristische Länge und v eine typische Geschwindigkeit des Fluids ist [12]. In diesen Anwendungen ist Rm meist kleiner als eins, weshalb $\mathbf{B}$ durch $\mathbf{B}_0$ in den Integralgleichungen (2.27) und (2.48) ersetzt werden kann. Damit erhält man einen linearen Zusammenhang zwischen dem Geschwindigkeitsfeld $\mathbf{v}$ im Fluid und dem induzierten Magnetfeld $\mathbf{b}$, was zu einem linearen inversen Problem führt, für das es geeignete Methoden zur Lösung gibt.

Sowohl für die Berechnung des induzierten Magnetfeldes aus einer gegebenen Strömung (Vorwärtsproblem) als auch zur Rekonstruktion der Strömung aus einem gegebenen induzierten Magnetfeld (inverses Problem) wird das Integralgleichungssystem in der Regel numerisch gelöst. Zur Diskretisierung wird das Volumen in n_{vol} Elemente und die Oberfläche in n_{surf} Elemente aufgeteilt. Das induzierte Magnetfeld wird an n_{sens} diskreten Positionen außerhalb des Fluids berechnet bzw. gemessen. Das Integralgleichungssystem, bestehend aus Gleichungen (2.27) und (2.48), wird als Summe von Integralen über die einzelnen Volumen- bzw. Flächenelemente wie folgt dargestellt:

$$\mathbf{b}(\mathbf{r}_i) = \frac{\mu_0\sigma}{4\pi}\sum_{j=1}^{n_{vol}} \iiint\limits_{V_j} \frac{\left[\mathbf{v}(\mathbf{r}') \times \mathbf{B}_0(\mathbf{r}')\right] \times (\mathbf{r}_i - \mathbf{r}')}{|\mathbf{r}_i - \mathbf{r}'|^3} dV' + \frac{\mu_0\sigma}{4\pi}\sum_{j=1}^{n_{surf}} -\varphi(\mathbf{s}_j) \iint\limits_{S_j} \frac{\mathbf{n}(\mathbf{s}') \times (\mathbf{r}_i - \mathbf{s}')}{|\mathbf{r}_i - \mathbf{s}'|^3} dS' , \tag{2.50}$$

$$\varphi(\mathbf{s}_k) = \frac{1}{2\pi}\sum_{j=1}^{n_{vol}} \iiint\limits_{V_j} \frac{\left[\mathbf{v}(\mathbf{r}') \times \mathbf{B}_0(\mathbf{r}')\right] \cdot (\mathbf{s}_k - \mathbf{r}')}{|\mathbf{s}_k - \mathbf{r}'|^3} dV' + \frac{1}{2\pi}\sum_{j=1}^{n_{surf}} -\varphi(\mathbf{s}_j) \iint\limits_{S_j} \frac{\mathbf{n}(\mathbf{s}') \cdot (\mathbf{s}_k - \mathbf{s}')}{|\mathbf{s}_k - \mathbf{s}'|^3} dS' . \tag{2.51}$$

Dabei ist V_j das Volumen des j-ten Volumenelements, S_k die Fläche des k-ten Flächenelements und $\mathbf{s}_k$ der Referenzpunkt des k-ten Flächenelements. In dieser Diskretisierung wird das Potential auf einem Flächenelement als konstant angenommen.

Um das diskretisierte Integralgleichungssystem als ein lineares Gleichungssystem, das invertiert werden kann, zu schreiben, werden alle dreidimensionalen Geschwindigkeitsvektoren im Volumen $\mathbf{v}_i$ in einem $3n_{vol}$-dimensionalen Vektor $\tilde{\mathbf{v}}$ folgendermaßen zusammengefasst, wobei zur einfacheren Notation $n = n_{vol}$ ist:

$$\tilde{\mathbf{v}} = (v_{1x}, v_{1y}, v_{1z}, \ldots, v_{nx}, v_{nz}, v_{nz}) . \tag{2.52}$$

Daraus ergibt sich folgende Notierung für die Komponenten des j-ten Geschwindigkeitsvektors:

$$v_{jx} = \tilde{v}_{3(j-1)+1} , \tag{2.53}$$

$$v_{jy} = \tilde{v}_{3(j-1)+2} , \tag{2.54}$$

$$v_{jz} = \tilde{v}_{3(j-1)+3} . \tag{2.55}$$

Analog dazu werden alle gemessenen Komponenten des induzierten Magnetfeldes $b_i = \mathbf{h}_i \cdot \mathbf{b}_i$ außerhalb der Schmelze in einem n_{sens}-dimensionalen Vektor $\tilde{\mathbf{b}}$ zusammengefasst, wobei der Einheitsvektor $\mathbf{h}_i$ die Messachse des i-ten Sensors darstellt. In gleicher Weise fasst der n_{surf}-dimensionale Vektor $\tilde{\varphi}$ alle Potentiale an der Oberfläche zusammen.

Mit dieser Schreibweise lassen sich die Gleichungen (2.50) und (2.51) in Matrizenschreibweise für ein angelegtes Magnetfeld B_0 folgendermaßen notieren:

$$\tilde{\mathbf{b}}^{B_0} = \mathbf{R}^{B_0}\tilde{\mathbf{v}} + \mathbf{S}\tilde{\varphi}^{B_0} , \tag{2.56}$$

$$\tilde{\varphi}^{B_0} = \mathbf{T}^{B_0}\tilde{\mathbf{v}} + \mathbf{U}\tilde{\varphi}^{B_0} . \tag{2.57}$$

Dabei sind die Matrizen $\mathbf{R}^{B_0} \in \mathbb{R}^{n_{sens} \times 3n_{vol}}$, $\mathbf{S} \in \mathbb{R}^{n_{sens} \times n_{surf}}$, $\mathbf{T}^{B_0} \in \mathbb{R}^{n_{surf} \times 3n_{vol}}$, $\mathbf{U} \in \mathbb{R}^{n_{surf} \times n_{surf}}$ und die Elemente der Matrizen ergeben sich aus den in Gleichungen (2.50) und (2.51) definierten Integralen, wobei $1 \le i \le n_{sens}$, $1 \le j \le n_{vol}$ und $1 \le k, k' \le n_{surf}$ und $\beta \in \{1, 2, 3\}$ ist:

$$\mathbf{R}^{B_0}_{i,3(j-1)+\beta} = \mathbf{h}_i \cdot \frac{\mu_0 \sigma}{4\pi} \iiint\limits_{V_j} \frac{\left[\mathbf{e}_\beta \times \mathbf{B}_0(\mathbf{r}')\right] \times (\mathbf{r}_i - \mathbf{r}')}{|\mathbf{r}_i - \mathbf{r}'|^3} dV' , \tag{2.58}$$

$$\mathbf{S}_{i,k} = -\mathbf{h}_i \cdot \frac{\mu_0 \sigma}{4\pi} \iint\limits_{S_k} \frac{\mathbf{n}(\mathbf{s}') \times (\mathbf{r}_i - \mathbf{s}')}{|\mathbf{r}_i - \mathbf{s}'|^3} dS' , \tag{2.59}$$

$$\mathbf{T}^{B_0}_{k,3(j-1)+\beta} = \frac{1}{2\pi} \iiint\limits_{V_j} \frac{\left[\mathbf{e}_\beta \times \mathbf{B}_0(\mathbf{r}')\right] \cdot (\mathbf{s}_k - \mathbf{r}')}{|\mathbf{s}_k - \mathbf{r}'|^3} dV' , \tag{2.60}$$

$$\mathbf{U}_{k,k'} = -\frac{1}{2\pi} \iint\limits_{S_{k'}} \frac{\mathbf{n}(\mathbf{s}') \cdot (\mathbf{s}_k - \mathbf{s}')}{|\mathbf{s}_k - \mathbf{s}'|^3} dS' . \tag{2.61}$$

Zur Berechnung des Potentials an der Oberfläche des Fluids muss zuerst die Gleichung (2.57) nach $\tilde{\varphi}^{B_0}$ aufgelöst werden:

$$\tilde{\varphi}^{B_0} = (\mathbf{I} - \mathbf{U})^{-1}\mathbf{T}^{B_0}\tilde{\mathbf{v}} , \tag{2.62}$$

wobei **I** die Einheitsmatrix bezeichnet. Da die Integralgleichung (2.48) das Potential an der Oberfläche nur bis auf eine additive Konstante bestimmt, ist die Matrix $(\mathbf{I}-\mathbf{U})$ singulär und besitzt genau einen Eigenwert $\lambda_i \in \mathbb{C}$ mit $\lambda_i = 0$ [4]. Diese Singularität kann durch die Forderung vermieden werden, dass die Summe aller Potentiale auf der Oberfläche Null sein muss, wodurch die Konstante fixiert wird. Barnard et al. [4] konnten zeigen, dass mit Hilfe der Deflationsmethode diese Matrix so transformiert werden kann, dass der Eigenwert λ_i von Null verschoben wird und so die neue Matrix invertierbar wird. Dazu wird zu jedem Element der Matrix der Term $\frac{1}{n_{surf}}$ addiert, so dass der Eigenwert von Null zur Eins verschoben wird. Die mit dieser Methode transformierte Matrix $\overline{(\mathbf{I}-\mathbf{U})}$ ist somit folgendermaßen definiert:

$$\overline{(\mathbf{I}-\mathbf{U})}_{ij} := (\mathbf{I}-\mathbf{U})_{ij} + \frac{1}{n_{surf}} \,. \tag{2.63}$$

Setzt man die Gleichung für das Potential an der Oberfläche (2.62) mit der transformierten Matrix in die Gleichung (2.56) ein, erhält man folgendes Gleichungssystem zur Berechnung des induzierten Magnetfeldes **b** außerhalb der Schmelze aus der Geschwindigkeit **v** in der Schmelze und dem Messfeld $\mathbf{B_0}$:

$$\tilde{\mathbf{b}}^{B_0} = \mathbf{R}^{B_0}\tilde{\mathbf{v}} + \mathbf{S}\overline{(\mathbf{I}-\mathbf{U})}^{-1}\mathbf{T}^{B_0}\tilde{\mathbf{v}} \,. \tag{2.64}$$

Durch Definition der Matrix $\mathbf{C}^{B_0}$ mit

$$\mathbf{C}^{B_0} = \mathbf{R}^{B_0} + \mathbf{S}\overline{(\mathbf{I}-\mathbf{U})}^{-1}\mathbf{T}^{B_0} \tag{2.65}$$

lässt sich folgendes lineares Gleichungssystem zur Berechnung des induzierten Magnetfeldes aus dem Geschwindigkeitsfeld für ein gegebenes Messfeld aufstellen:

$$\tilde{\mathbf{b}}^{B_0} = \mathbf{C}^{B_0}\tilde{\mathbf{v}} \,. \tag{2.66}$$

2.2 Inverses Problem

Zur Rekonstruktion der Geschwindigkeit **v** im Volumen V aus den gemessenen Magnetfeldern $\tilde{\mathbf{b}}$ muss das lineare Gleichungssystem (2.66) invertiert werden. Dabei können im Gegensatz zur Magnetoenzephalographie von außen mehrere Magnetfelder, die in unterschiedliche Richtungen zeigen, an die gleiche Strömung angelegt und die jeweils entsprechenden induzierten Magnetfelder gemessen werden, um mehr Information über die Strömung zu erlangen. Bei der MEG hingegen muss aus nur einer Magnetfeldmessung die Stromverteilung im Gehirn rekonstruiert werden, um die aktiven Regionen darstellen zu können.

Für die Einsetzbarkeit der Messmethode ist es besonders wichtig, zu untersuchen, ob die Uneindeutigkeit der Rekonstruktion aufgelöst werden kann. Dazu wurde von Stefani et al. für die Strömung in einer Kugel gezeigt, dass mit einer geeigneten Regularisierungsmethode die Uneindeutigkeit der Rekonstruktion der Strömung aus den Messungen des induzierten Magnetfeldes außerhalb der Kugel und des Potentials an der Oberfläche der Kugel für ein homogenes angelegtes Messfeld aufgelöst werden kann [58]. Eine divergenzfreie Strömung wurde in einer Kugel durch zwei definierende Skalare (poloidale und toroidale Komponente) dargestellt. Analysiert man das System der Gleichungen, die die Koeffizienten der Kugelflächen-Funktionen der definierenden Skalaren der Geschwindigkeit mit denen der radialen Komponente des induzierten Magnetfeldes und mit denen des Potentials an der Oberfläche koppeln, dann kann gezeigt werden, dass die Strömung bis auf eine radiale Uneindeutigkeit rekonstruiert werden kann. Durch Einsatz eines Regularisierungsverfahrens, das gleichzeitig die kinetische Energie minimiert, kann die Strömung sogar eindeutig rekonstruiert werden. Dies entspricht auch den Eindeutigkeitsbetrachtungen der Rekonstruktion des Stroms im Gehirn bei der MEG, da auch hier nur gewisse radiale Integrale des Stroms das zu messende Magnetfeld beeinflussen.

Anschließend konnte gezeigt werden, dass anstelle der Messung des Potentials ein zusätzliches angelegtes Messfeld ausreicht, um nur aus der Messung der induzierten Magnetfelder die Strömung zu rekonstruieren [57]. Somit kann in einer Kugel die dreidimensionale Strömung der Schmelze durch die Messung der radialen Komponente des Magnetfeldes außerhalb der Schmelze für zwei orthogonal zueinander stehende, nacheinander angelegte Messfelder mit einem Regularisierungsverfahren, das die kinetische Energie minimiert, eindeutig rekonstruiert werden.

Es kann angenommen werden, dass eine entsprechende Regularisierung auch für Strömungen in ähnlich kompakten Geometrien existiert. Die dominierende Struktur der großskaligen Strömung ist gut rekonstruierbar, wohingegen die Details der Tiefenabhängigkeit der Geschwindigkeit nur durch entsprechende Regularisierungstechniken aufgelöst werden können. Die Verwendung von zwei orthogonal zueinander stehenden Magnetfeldern repräsentiert eine minimale Konfiguration für eine dreidimensionale Rekonstruktion der Strömung: für ein einziges Messfeld sind einige Komponenten der Strömung im induzierten Magnetfeld nicht sichtbar, die erst durch Anwendung eines weiteren orthogonalen Magnetfeldes detektierbar werden.

Als Regularisierungsmethode für CIFT wird die Tikhonov-Regularisierung eingesetzt [51]. Soll eine lineare Abbildung mit $\mathbf{Gx} = \mathbf{y}$ für die aus einer Messung hervorgegangenen Daten $\mathbf{y}$, die verrauscht sein können, gelöst werden, wird oft die

Methode der kleinsten Quadrate angewendet, bei der das Gleichungssystem nicht direkt gelöst wird, sondern die Lösung $\mathbf{x}$ durch Minimierung des Quadrats des Residuums

$$\|\mathbf{Gx} - \mathbf{y}\|_2^2 \tag{2.67}$$

bestimmt wird.

Die Minimierung des Residuums erfolgt durch die Lösung der Normalgleichung

$$\mathbf{G}^T\mathbf{Gx} = \mathbf{G}^T\mathbf{y} \; . \tag{2.68}$$

Da die Matrix $\mathbf{G}^T\mathbf{G}$ positiv-definit ist, kann zur Lösung der Normalgleichung die Cholesky-Dekomposition angewandt werden [61].

Ist die Abbildung $\mathbf{G}$ im Sinne von Hadamard [24] schlecht gestellt, also $\mathbf{G}^{-1}$ nicht stetig oder nicht eindeutig, dann kann man mit der Tikhonov-Regularisierungsmethode die Invertierung stabilisieren. Dazu wird nicht nur das Residuum minimiert, sondern es wird noch zusätzlich ein Strafterm hinzugefügt, so dass nun

$$\|\mathbf{Gx} - \mathbf{y}\|_2^2 + \sigma_{reg}\|\mathbf{Mx}\|_2^2 \tag{2.69}$$

minimiert werden muss. Dabei ist $\mathbf{M}$ ein regulärer Operator [51], der gewisse Merkmale der Lösung betont oder dämpft. Im einfachsten Fall ist $\mathbf{M} = \mathbf{I}$. Es existiert genau ein σ_{reg}^*, für das durch die Minimierung des Tikhonov-Funktionals (2.69) sowohl der Fehler durch die (verrauschten) Daten als auch der Fehler der Approximation durch $\mathbf{G}$ minimal ist. Für dieses σ_{reg}^* ist die Gleichung im Sinne der kleinsten Quadrate optimal gelöst. Für die Bestimmung von σ_{reg}^* entwickelte Hansen die Strategie, als optimalen Regularisierungsparameter σ_{reg}^* denjenigen Parameter σ_{reg} zu wählen, der am Punkt der größten Krümmung der sogenannten L-Kurve zu finden ist, bei der das Residuum $\|\mathbf{Gx}_{\sigma_{reg}} - \mathbf{y}\|$ über $\|\mathbf{Mx}_{\sigma_{reg}}\|$ für verschiedene σ_{reg}-Werte aufgetragen wird [26]. Um die L-Kurve zu berechnen, muss das inverse Problem für unterschiedliche σ_{reg} gelöst werden und anschließend die größte Krümmung bestimmt werden. Hansen gab in einer weiteren Veröffentlichung auch ein heuristisches Verfahren an, bei dem mit möglichst wenigen unterschiedlichen Werten von σ_{reg} der Punkt der größten Krümmung bestimmt wird [27]. Ein weiterer Vorteil der Tikhonov-Regularisierung ist die Möglichkeit, zusätzliche Terme zum Tikhonov-Funktional in Gleichung (2.69) hinzuzuaddieren, um zusätzliche Bedingungen an die Lösung $\mathbf{x}$ zu stellen.

Für die Rekonstruktion des Geschwindigkeitsfeldes wird die lineare Abbildung $\mathbf{G}$ aus Gleichung (2.69) durch die Abbildung $\mathbf{C}^{B_0}$ aus Gleichung 2.66 ersetzt. Die lineare Abbildung **M** wichtet jeden Geschwindigkeitswert mit dem Volumen des zugehörigen Volumenelements. Als zusätzliche Bedingung an die Lösung wird entsprechend der Navier-Stokes-Gleichungen für inkompressible Flüssigkeiten die Divergenzfreiheit der Strömung gefordert. Aus diesen Überlegungen heraus wird für die CIFT-Rekonstruktion des dreidimensionalen Geschwindigkeitsfeldes im Volumen V folgendes Funktional minimiert:

$$F[\tilde{\mathbf{v}}] = F_{B_{0,1}}[\tilde{\mathbf{v}}] + F_{B_{0,2}}[\tilde{\mathbf{v}}] + F_{div}[\tilde{\mathbf{v}}] + F_{pen}[\tilde{\mathbf{v}}] \tag{2.70}$$

mit

$$F_{B_{0,1}}[\tilde{\mathbf{v}}] = \sum_{i=1}^{n_{sens}} \frac{1}{\sigma_{i,B_{0,1}}^2} \left\{ \hat{b}_i^{B_{0,1}} - b_i^{B_{0,1}}[\tilde{\mathbf{v}}] \right\}^2 , \tag{2.71}$$

$$F_{B_{0,2}}[\tilde{\mathbf{v}}] = \sum_{i=1}^{n_{sens}} \frac{1}{\sigma_{i,B_{0,2}}^2} \left\{ \hat{b}_i^{B_{0,2}} - b_i^{B_{0,2}}[\tilde{\mathbf{v}}] \right\}^2 , \tag{2.72}$$

$$F_{div}[\tilde{\mathbf{v}}] = \frac{1}{\sigma_{div}^2} \sum_{k=1}^{n_{vol}} \Delta V_k (\nabla \cdot \mathbf{v})_k^2 , \tag{2.73}$$

$$F_{reg}[\tilde{\mathbf{v}}] = \frac{1}{{\sigma_{reg}}^2} \sum_{k=1}^{n_{vol}} \Delta V_k \mathbf{v}_k^2 . \tag{2.74}$$

Die ersten beiden Funktionale repräsentieren für zwei orthogonal zueinander stehende Messfelder die mittleren quadratischen Residuen von den gemessenen induzierten Magnetfeldern $\hat{b}_i$ und der durch Gleichung (2.66) modellierten Magnetfelder b_i für das entsprechende Messfeld. Das Funktional F_{div} garantiert die Divergenzfreiheit der Strömung und F_{reg} ist das Funktional der Tikhonov-Regularisierung. Die Parameter $\sigma_{i,B_{0,1}}$ und $\sigma_{i,B_{0,2}}$ sind die angenommenen a priori Fehler der Messung der induzierten Magnetfelder. Der Parameter σ_{div} wird sehr klein gewählt, da er ein Maß für die zugelassene Divergenz der Strömung ist. In allen in dieser Arbeit vorgestellten Rekonstruktionen wurde $\sigma_{div} = 1\,\mathrm{m}^{\frac{3}{2}}\,\mathrm{s}^{-1}$ gewählt. Bei den ersten numerischen Untersuchungen für die in Abschnitt 4.4 beschriebene Rekonstruktion der Strömung in der Kokille wurden auch die Effekte der Veränderung von σ_{div} auf das rekonstruierte Geschwindigkeitsfeld untersucht. Dabei wurde festgestellt, dass sich das Geschwindigkeitsfeld bei einer Wahl von σ_{div} aus dem Bereich zwischen $10^{-3}\,\mathrm{m}^{\frac{3}{2}}\,\mathrm{s}^{-1}$ und $10^{3}\,\mathrm{m}^{\frac{3}{2}}\,\mathrm{s}^{-1}$ nicht änderte. Der Parameter σ_{reg} ist der eigentliche Parameter der Tikhonov-Regularisierung, für den für jede Rekonstruktion ein optimaler Wert bestimmt werden muss. Dazu wird in der L-Kurve das mittlere quadratische Residuum über der mittleren quadratischen kinetischen Energie aufgetragen. Die bestmögliche Rekonstruktion der Geschwindigkeit ist genau dann gegeben, wenn die Strömung die minimale kinetische Energie besitzt. Dies ist genau der Fall am Punkt der größten Krümmung der L-Kurve [60]. Der physikalische Hintergrund dieser Vorgehensweise ist das Theorem von Kelvin der minimalen kinetischen Energie für ein inkompressibles Fluid, das aussagt, dass eine rotationsfreie Strömung eines inkompressiblen Fluids in einer einfach zusammenhängenden Region gegenüber einer anderen Strömung mit den gleichen Randbedingungen immer die kleinste kinetische Energie besitzt [2, 52]. Analog zu diesem Theorem wird auch bei der Rekonstruktion angenommen, dass aus der Menge der Geschwindigkeitsfelder, für die das mittlere quadratische Residuum sehr klein ist, ebenfalls das Geschwindigkeitsfeld mit der kleinsten mittleren kinetischen Energie ausgewählt werden kann.

Durch die hier vorgestellte Regularisierung wird das rekonstruierte Geschwindigkeitsfeld geglättet, so dass starke Geschwindigkeitsgradienten, wie sie bei einer strahlartigen Strömung entstehen, ausgeglichen werden. Dieser Effekt lässt sich auch bei der Rekonstruktion der Strömung in der Kokille beim Stranggießen erkennen, wie in Kapitel 4.4 gezeigt wird.

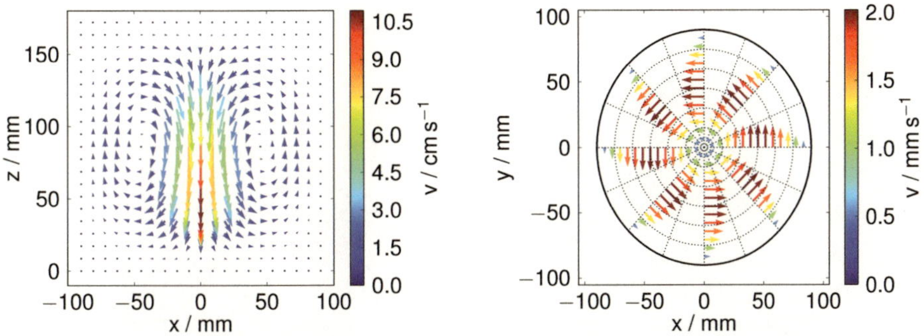

(a) Schnitt durch die xz-Ebene

(b) Schnitt durch die xy-Ebene für $z = 90\,\text{mm}$

Abbildung 2.1: Das durch die Gleichungen (2.75)-(2.77) definierte Geschwindigkeitsfeld

2.3 Simulation

Zur Verdeutlichung der Funktionsweise von CIFT wird im Folgenden ein Zylinder mit der Höhe $H = 172\,\text{mm}$ und dem Radius $R = 90\,\text{mm}$ betrachtet, der mit einem flüssigen Metall mit der Leitfähigkeit $\sigma = 3.3 \times 10^6\,\Omega^{-1}\,\text{m}^{-1}$ gefüllt ist. Dies entspricht den Abmessungen des im anschließenden Kapitel 2.4 beschriebenen Demonstrationsexperiments. Für ein analytisch gegebenes Geschwindigkeitsfeld $\mathbf{v}$ wird zuerst das induzierte Magnetfeld für die beiden Messfelder in axialer und transversaler Richtung simuliert, um anschließend aus diesen Daten die Strömung mit CIFT wieder zu rekonstruieren und die Qualität der Rekonstruktion aus dem Vergleich mit dem gegebenen Geschwindigkeitsfeld zu bestimmen.

Als synthetisches Geschwindigkeitsfeld wird die divergenzfreie, axialsymmetrische Strömung $\mathbf{v} = (v_r, v_\varphi, v_z)$ in Zylinderkoordinaten mit

$$v_r(r,\varphi,z) = \omega_p\, r \left(\frac{r}{R} - 1\right)^2 \sin\left(\frac{2\pi z}{H}\right), \tag{2.75}$$

$$v_\varphi(r,\varphi,z) = \omega_t\, r \left(1 - \frac{r}{R}\right) \sin\left(\frac{\pi z}{H}\right), \tag{2.76}$$

$$v_z(r,\varphi,z) = -\omega_p\, \frac{H}{\pi} \left(\frac{r}{R} - 1\right)\left(\frac{2r}{R} - 1\right)\left(1 - \cos\left(\frac{2\pi z}{H}\right)\right) \tag{2.77}$$

gewählt, welche sowohl eine poloidale (v_r und v_z) als auch eine toroidale (v_φ) Komponente enthält. Dabei werden als Gewichtungsfaktoren für die toroidale Komponente $\omega_t = 0.09\,\text{s}^{-1}$ und für die poloidale Komponente $\omega_p = 1\,\text{s}^{-1}$ für diese Simulation gesetzt. Abbildung 2.1 zeigt exemplarisch zwei Schnitte durch das axi-

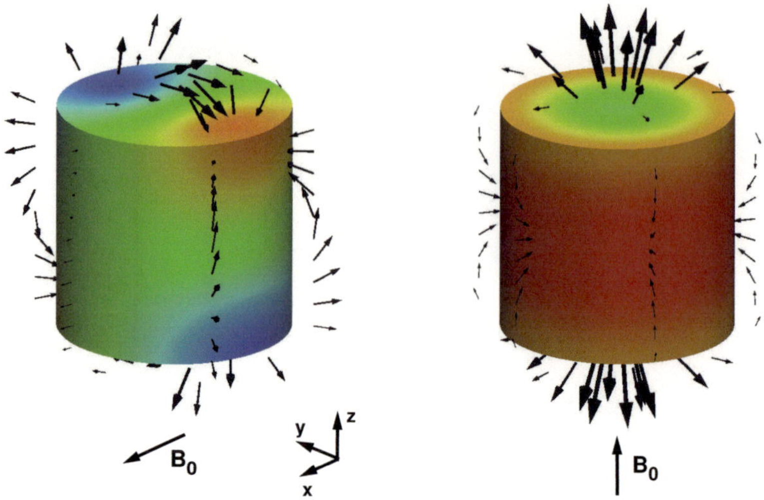

(a) Transversales Messfeld (b) Axiales Messfeld

Abbildung 2.2: Induziertes Magnetfeld **b** für ein transversales und axiales Messfeld der Stärke 4 mT für das in den Gleichungen (2.75)-(2.77) definierte Geschwindigkeitsfeld

alsymmetrische Geschwindigkeitsfeld.

Abbildungen 2.2(a) und 2.2(b) zeigen das simulierte induzierte Magnetfeld außerhalb der Schmelze für ein Messfeld in transversaler und axialer Richtung von 4 mT Stärke. Nimmt man an, dass die Sensoren um den Zylinder das Magnetfeld in Richtung normal zum nächstgelegenen Oberflächenelement messen, kann aus den Messungen für beide Magnetfelder die dreidimensionale Strömung $\mathbf{v}$ rekonstruiert werden, indem das Funktional (2.70) minimiert wird. Dabei zeigt Abbildung 2.3 die entsprechende L-Kurve der Rekonstruktion. Der optimale Regularisierungsparameter σ^*_{reg} wurde aus dem Maximum der zweiten Ableitung bestimmt, die ebenfalls in Abbildung 2.3 gezeigt ist.

Da die originale Geschwindigkeit $\tilde{\mathbf{v}}'$ bekannt ist, kann der Grad der Übereinstimmung der beiden Vektorfelder bestimmt werden, indem die Korrelation $\mathrm{Corr}(\tilde{\mathbf{v}}, \tilde{\mathbf{v}}')$ und der mittlere quadratische Fehler $\mathrm{Err}(\tilde{\mathbf{v}}, \tilde{\mathbf{v}}')$ wie folgt berechnet werden:

$$\mathrm{Corr}(\tilde{\mathbf{v}}, \tilde{\mathbf{v}}') = \frac{\tilde{\mathbf{v}} \cdot \tilde{\mathbf{v}}'}{|\tilde{\mathbf{v}}| \cdot |\tilde{\mathbf{v}}'|} , \tag{2.78}$$

$$\mathrm{Err}(\tilde{\mathbf{v}}, \tilde{\mathbf{v}}') = \frac{|\tilde{\mathbf{v}} - \tilde{\mathbf{v}}'|^2}{|\tilde{\mathbf{v}}|^2} . \tag{2.79}$$

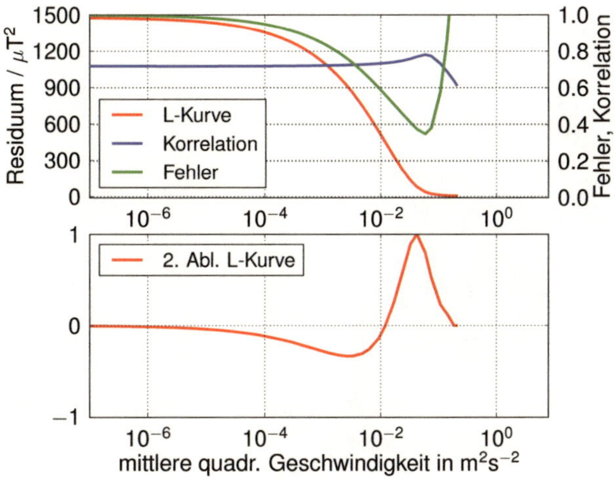

Abbildung 2.3: Die L-Kurve und ihre 2. Ableitung für die Rekonstruktion des in den Gleichungen (2.75)-(2.77) definierten Geschwindigkeitsfeldes. Zusätzlich ist sowohl die Korrelation als auch der mittlere quadratische Fehler angegeben

Wie man in Abbildung 2.3 gut erkennen kann, hat die Korrelation ein Maximum und der mittlere quadratische Fehler ein Minimum nahe dem Punkt der größten Krümmung der L-Kurve.

In der Veröffentlichung von Stefani und Gerbeth [56] wurden weitere Strömungen im Zylinder untersucht. Dabei wurde gezeigt, dass sich die globale Strömung aus der Messung des induzierten Magnetfeldes mit einem vernünftigen Fehler rekonstruieren lässt.

2.4 Demonstrationsexperiment

Nachdem numerisch gezeigt werden konnte, dass aus den induzierten Magnetfeldern das dreidimensionale Geschwindigkeitsfeld in der Schmelze rekonstruierbar ist und dass die induzierten Magnetfelder außerhalb der Schmelze in einer messbaren Größenordnung liegen, wurde ein Demonstrationsexperiment aufgebaut, das die Realisierbarkeit dieser Messmethode zeigen sollte [60]. Abbildung 2.4 zeigt eine Skizze und daneben ein Foto der Anlage.

Das Experiment besteht aus einem Plexiglaszylinder mit Radius $R = 90\,\text{mm}$, der mit 4.4 l der eutektischen Legierung GaInSn bis zur Höhe von $H = 172\,\text{mm}$ gefüllt

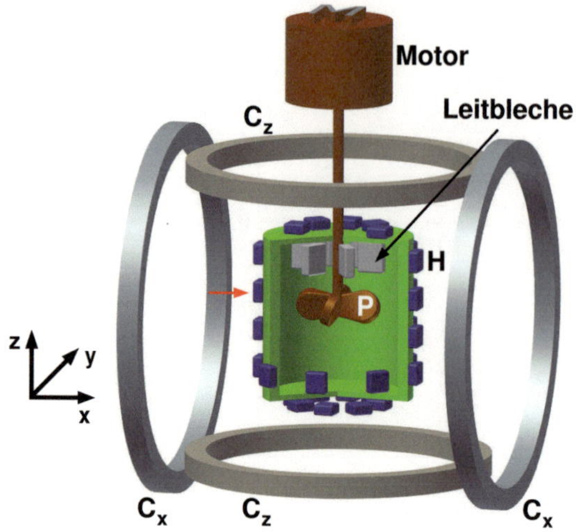

(a) Skizze

(b) Foto

Abbildung 2.4: Das Demonstrationsexperiment für CIFT; H - Hallsonden, P - Propeller, C_x - Spulensystem für das transversale Magnetfeld, C_z - Spulensystem für das axiale Magnetfeld

ist, was einem Aspektverhältnis von 1:1 nahe kommt, da für dieses Aspektverhältnis bereits Simulationen durchgeführt wurden. Die Schmelze ist eine Legierung aus Gallium, Indium und Zinn, die bei Raumtemperatur flüssig ist, so dass sie sich gut für kalte Modellexperimente eignet, da bei dieser Temperatur alle für Flüssigmetall verfügbaren Messmethoden eingesetzt werden können [14]. Die elektrische Leitfähigkeit ist $\sigma_{GaInSn} = 3.3 \times 10^6\,\Omega^{-1}\,\mathrm{m}^{-1}$ bei 25 °C.

Die Strömung im Zylinder wird durch einen Propeller mit einem Durchmesser von 60 mm erzeugt, der durch einen Elektromotor angetriebenen wird. Der Propeller ist im Zentrum auf etwa zwei Drittel der Höhe des Zylinders platziert. Oberhalb des Propellers sind 8 Leitbleche am Deckel des Gefäßes montiert, die die Erzeugung zweier unterschiedlicher Strömungsmuster ermöglichen: Beim Pumpen nach oben dämpfen die Leitbleche die Rotation des Fluids und es wird eine dominierende poloidale Strömung erzeugt, wohingegen beim Pumpen nach unten zusätzlich zur poloidalen Strömung eine toroidale Strömung erzeugt wird. Die maximale Rotationsgeschwindigkeit des Propellers beträgt 2000 upm, was zu einer mittleren Geschwindigkeit von ca. $1\,\mathrm{m\,s^{-1}}$ im Fluid führt, wodurch sich eine magnetische Reynolds-Zahl von $\mathrm{Rm} \approx 0.4$ ergibt [60].

Als Messfelder werden ein transversales $B_0\mathbf{e}_x$ und ein axiales $B_0\mathbf{e}_z$ Magnetfeld

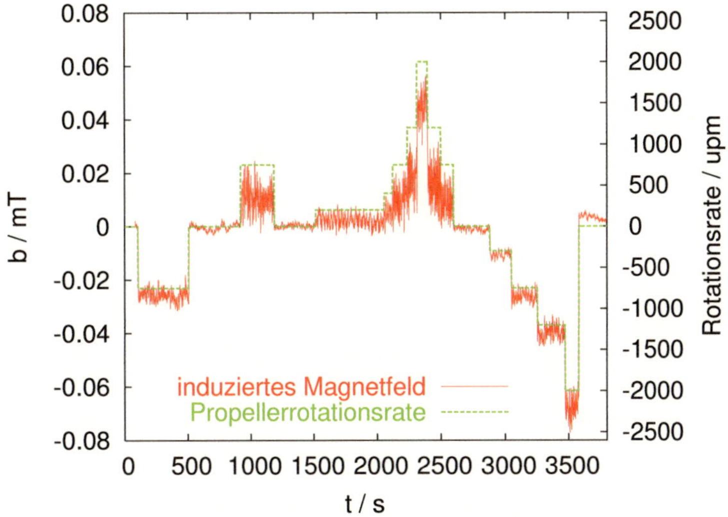

Abbildung 2.5: Induziertes Magnetfeld an dem in Abbildung 2.4(a) mit einem roten Pfeil markierten Sensor für das axiale Messfeld in Abhängigkeit von der Rotationsrate des Propellers

mit 4 mT Stärke eingesetzt, die von zwei Spulenpaaren erzeugt werden. Der Strom für jedes Spulenpaar wird jeweils von einer hochstabilen Stromquelle FM1295 von MedTech Berlin erzeugt. Das induzierte Magnetfeld wird mit 48 Hall-Sonden gemessen, wobei jeweils 8 Sonden auf 6 Ringen um den Zylinder auf unterschiedlicher Höhe montiert sind.

Abbildung 2.5 zeigt das induzierte Magnetfeld an dem in Abbildung 2.4(a) markierten Sensor für das axiale Messfeld im Vergleich zur Rotationsrate des Propellers. Man kann eine klare Abhängigkeit zwischen der Rotationsrate des Propellers und dem induzierten Magnetfeld erkennen. Aus dieser Messung ergibt sich für das Verhältnis zwischen induziertem und angelegtem Magnetfeld ein Verhältnis von

$$\frac{b}{B_0} \approx 10^{-2} \,. \tag{2.80}$$

Dies stellt große Anforderungen sowohl an die Stabilität der Stromquellen für das Messfeld als auch an die Genauigkeit und den Dynamikumfang der Magnetfeldsonden.

Für die Rekonstruktion des dreidimensionalen Geschwindigkeitsfeldes werden nacheinander das transversale und das axiale Erregerfeld angelegt und die zugehörigen induzierten Magnetfelder gemessen. Abbildung 2.6 zeigt einen Messzyklus,

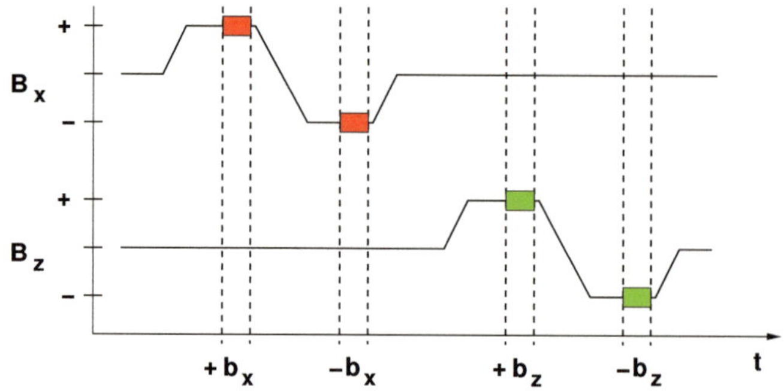

Abbildung 2.6: Die zeitliche Abfolge der Messfelder für einen Messzyklus. Das induzierte Magnetfeld wird zu den rot bzw. grün markierten Zeiten gemessen.

der 6 Sekunden benötigt, um alle Daten zu erfassen. Die Messung ist eine Art Differenzverfahren, um Einflüsse von externen Magnetfeldstörungen zu minimieren. Zuerst wird das transversale Magnetfeld mit 4 mT eingeschaltet und am Ende des Plateaus das zugehörige induzierte Magnetfeld gemessen, das sich aus einer Mittelung über 0.5 s ergibt. Danach wird das Magnetfeld umgepolt und nochmals ein Wert am Ende des Plateaus aus der Mittelung über 0.5 s bestimmt. Aus diesen beiden Messwerten ergibt sich über eine Differenzbildung der Messwert des induzierten Magnetfeldes für das transversale Messfeld. Analog dazu wird auch der Messwert des induzierten Magnetfeldes für das axiale Messfeld bestimmt.

Aus diesen 2×48 Magnetfeldmessungen wird anschließend durch Minimierung des Funktionals aus Gleichung (2.70) das Geschwindigkeitsfeld an 52 Gitterpunkten im Volumen rekonstruiert. Abbildung 2.7 zeigt das rekonstruierte Geschwindigkeitsfeld für die Rotationsrate des Propellers mit 1200 upm für das Pumpen nach oben (Abbildungen 2.7(a) und 2.7(b)) und für das Pumpen nach unten (Abbildungen 2.7(c) und 2.7(d)). Die Farbe der Geschwindigkeitsvektoren gibt bei der Ansicht von Oben dessen z-Position und bei der Ansicht von der Seite dessen y-Position an. Man kann klar erkennen, dass beim Pumpen nach unten die Rotation des Fluids dominiert, während beim Pumpen nach oben fast keine Rotation mehr sichtbar ist.

Zur Validierung von CIFT wurden unabhängige Geschwindigkeitsmessungen mit dem Ultraschall-Doppler-Verfahren durchgeführt. Dazu wurde das DOP2000 von Signal-Processing SA (Lausanne, Schweiz), das bereits schon früher zur Messung der Geschwindigkeit in Schmelzen verwendet wurde [14], mit Ultraschallsonden eingesetzt, die mit 2 MHz betrieben werden.

Aufgrund der hoch-turbulenten Strömung waren sowohl in den Ultraschallmes-

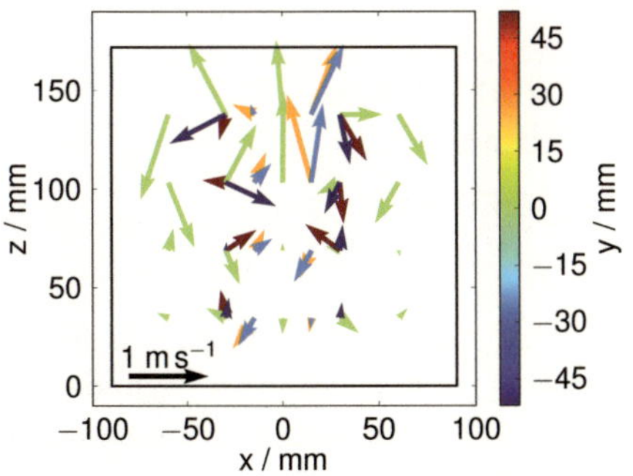

(a) Ansicht von der Seite: Pumpen nach oben

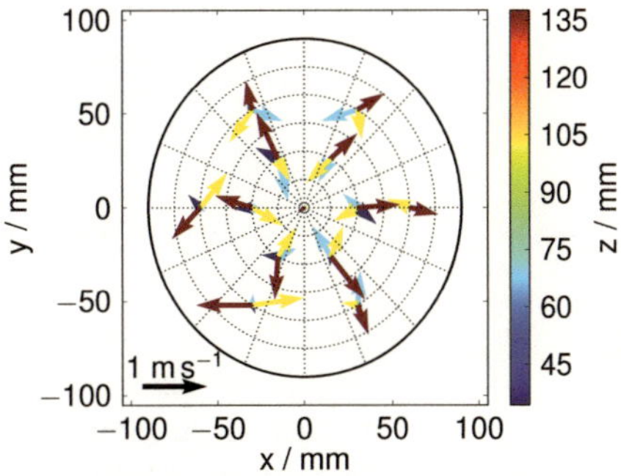

(b) Ansicht von oben: Pumpen nach oben

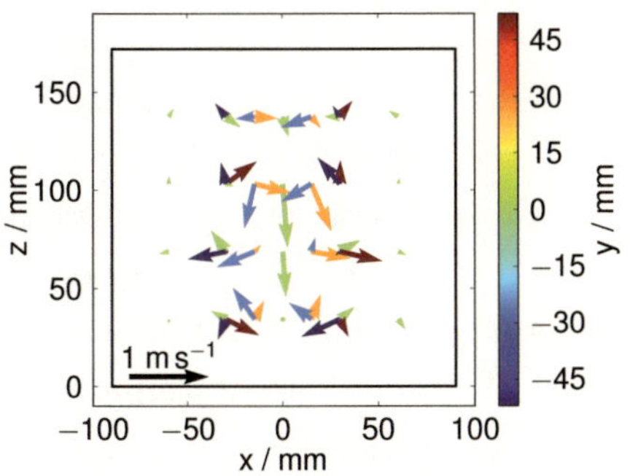

(c) Ansicht von der Seite: Pumpen nach unten

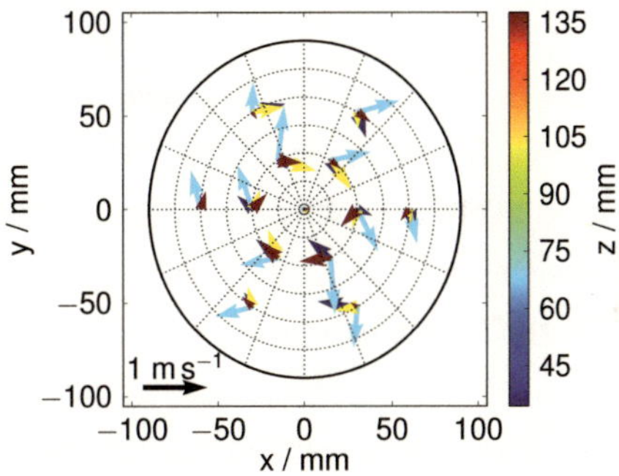

(d) Ansicht von oben: Pumpen nach unten

Abbildung 2.7: Rekonstruierte Geschwindigkeit bei 1200 upm Propellerdrehrate; Für beide Pumprichtungen ist jeweils eine Ansicht von der Seite als auch eine Ansicht von oben gezeigt

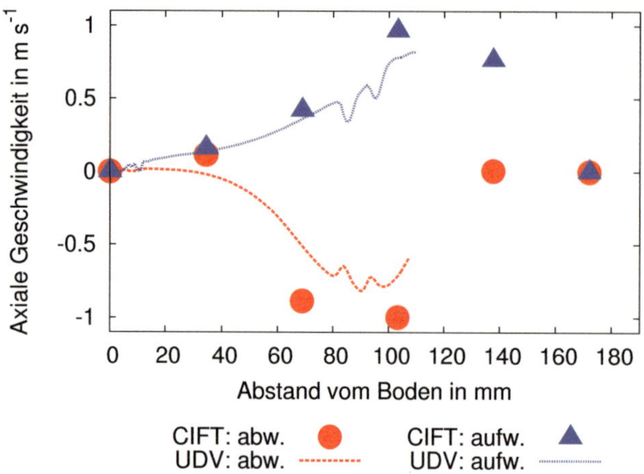

Abbildung 2.8: Vergleich der mit CIFT und mit UDV bestimmten axialen Geschwindigkeitskomponente entlang der Achse des Zylinders für Pumpen nach oben und nach unten für die Rotationsrate von 1200 upm des Propellers

sungen als auch im mit CIFT rekonstruierten Geschwindigkeitsfeld starke Fluktuationen sichtbar. Daher wurde für den Vergleich die Geschwindigkeit für beide Verfahren über 30 s gemittelt [60]. Exemplarisch werden hier nur die axialen Geschwindigkeiten entlang der Achse des Zylinders für die Rotationsrate von 1200 upm für das Pumpen nach oben und unten verglichen, wie in Abbildung 2.8 gezeigt ist. Das Signal des Ultraschalls bricht beim Abstand von 110 mm vom Boden des Zylinders ab, da dort der Propeller montiert war. Für beide Pump-Richtungen gibt es eine gute Übereinstimmung zwischen beiden Messmethoden.

2.5 Einordnung der Arbeit

Mit dem Demonstrationsexperiment konnte gezeigt werden, dass sowohl das induzierte Magnetfeld verlässlich gemessen werden kann, als auch dass das mit CIFT rekonstruierte Geschwindigkeitsfeld mit den Ultraschallmessungen relativ gut übereinstimmt. Die Messung der sehr kleinen induzierten Magnetfelder stellt folgende Anforderungen an die Messtechnik:

- Das Messfeld muss äußerst stabil sein, was eine präzise Regelung des Stroms durch die Stromversorgung erfordert. Ebenso müssen geometrische Veränderungen der Spule durch thermische oder andere mechanische Einflüsse vermieden werden.

- Die Magnetfeldsonden müssen ebenfalls äußerst genau sein und benötigen einen hohen Dynamikumfang, um die durch die induzierten Magnetfelder erzeugten kleinen Veränderungen des Messfeldes detektieren zu können. Die Sonden müssen starr mit der Spule für das Messfeld verbunden sein, denn schon kleinste Verschiebungen oder Verkippungen der Sonden gegenüber der Spule können die Messung unbrauchbar machen.
- Besonders zu beachten ist die Veränderung des Umgebungsmagnetfeldes, die z. B. durch Schalten von elektrischen Geräten oder durch Bewegen von magnetischen Teilen entsteht. Dieses Magnetfeld ist oft in der Größenordnung des zu messenden induzierten Magnetfeldes und sollte daher durch geeignete Methoden aus der Messung herausgefiltert werden.

An die vielversprechenden Ergebnisse des Demonstrationsexperiments knüpft diese Arbeit an. Die Messtechnik und die Methodik der Rekonstruktion wird für den Einsatz an industriell relevanten Anwendungen weiterentwickelt. Das Hauptaugenmerk liegt dabei auf dem kontinuierlichen Stranggießen (siehe Kapitel 4), da dafür im Rahmen des Sonderforschungsbereichs 609 ein Modellexperiment zur Verfügung steht, und auf dem Czochralski-Kristallzüchtungsverfahren (siehe Kapitel 6), da es in Kooperation mit der Siltronic AG in Burghausen möglich war, an einer in der Industrie eingesetzten Kristallzüchtungsanlage erste Messungen durchzuführen. Begleitend dazu werden Untersuchungen zur Reduktion von Störungen aus der Umgebung durch den Einsatz von Gradientensonden und von einem Wechselfeld als Messfeld durchgeführt.

Zudem wird eine automatische Suche des besten Regularisierungsparameters eingebunden, da die bisherige Rekonstruktion nur einen fest vorgegebenen Regularisierungsparameter verwendete. Weiterhin zeigte sich, dass die Oberflächenintegrale in (2.27) und in (2.48) besonders genau zu berechnen sind. Da z. B. beim kontinuierlichen Stranggießen auch leitfähige Wände zu beachten sind, wird CIFT für den Einsatz mit leitfähigen Wänden erweitert.

Sowohl die Vorwärtsrechnung als auch das inverse Problem wurden vollständig neu in Fortran in einem modularen Programmpaket implementiert, um in einfacher Weise neue Erweiterungen in den Code integrieren zu können, die für alle Anwendungen gleichermaßen zur Verfügung stehen. Außerdem wurden erste Tests zum Einsatz von Grafikkarten (GPU) durchgeführt, um die Geschwindigkeit der Rekonstruktion zu erhöhen.

3 Methodische Verbesserungen

In diesem Kapitel werden methodische Verbesserungen und Erweiterungen der CIFT-Methode vorgestellt, die nicht spezifisch für eine spezielle Anwendung sind. Dazu zählt die automatische Bestimmung des optimalen Regularisierungsparameters für die Rekonstruktion (Kapitel 3.1) und die Verbesserung der numerischen Berechnung der Oberflächenintegrale im Integralgleichungssystem (2.27) und (2.48) (Kapitel 3.2). Zudem werden zur Reduzierung der Störanfälligkeit der Messung die Erweiterungen von CIFT für den Einsatz von Gradientensonden (Kapitel 3.3) und eines Wechselfeldes als Messfeld (Kapitel 3.4) dargelegt, wobei die zugehörigen Experimente in Kapitel 5 beschrieben sind. Außerdem wird auch die Erweiterung von CIFT für leitfähige Wände (Kapitel 3.5) und die Rekonstruktion eines zweidimensionalen Geschwindigkeitsfeldes mit Einströmung (Kapitel 3.6) präsentiert.

3.1 Automatische Bestimmung des optimalen Regularisierungsparameters

Wie bereits in Kapitel 2.2 beschrieben, wird bei der Rekonstruktion des Geschwindigkeitsfeldes das Tikhonov-Regularisierungsverfahren eingesetzt. Dabei ist für jede Rekonstruktion der optimale Parameter σ^*_{reg} zu bestimmen. Beim Demonstrationsexperiment wurde bisher für alle Rekonstruktionen ein fester Parameter σ^*_{reg} verwendet, der nur einmal zu Beginn für ein typisches Strömungsregime aus der zugehörigen L-Kurve bestimmt worden war [60].

Um jedoch die Qualität der Rekonstruktion zu erhöhen, ist es sinnvoll, für jede Lösung des inversen Problems σ^*_{reg} separat zu bestimmen. Im Folgenden werden zwei unterschiedliche Algorithmen vorgestellt, die den besten Regularisierungsparameter mit Hilfe der L-Kurve bestimmen. Dabei berechnet der erste Algorithmus die L-Kurve vollständig, während der zweite Algorithmus mit einem heuristischen Verfahren die maximale Krümmung sucht. Diese Krümmung der L-Kurve wird durch die zweite Ableitung der L-Kurve approximiert, da diese einfacher zu berechnen ist als die Krümmung selbst, die für eine beliebige Funktion g definiert ist als

$$\kappa(x) = \frac{g''(x)}{\sqrt{1 + g'(x)^2}^3} . \tag{3.1}$$

Diese Approximation ist möglich, da für die bei CIFT vorkommenden L-Kurven die Maxima der zweiten Ableitung und der Krümmung nahe beieinander liegen.

Algorithmus 1 Dieser Algorithmus startet mit dem Anfangswert $\sigma_{reg\,0} = 1\,\mathrm{m}^{\frac{5}{2}}\,\mathrm{s}^{-1}$ und löst das inverse Problem, indem das Funktional (2.70) minimiert wird. Anschließend wird für jede neue Iteration i der neue Regularisierungsparameter $\sigma_{reg\,i} = \sigma_{reg\,i-1} + \Delta$ gesetzt und für diesen Regularisierungsparameter das inverse Problem erneut gelöst. Mit einer automatischen Schrittweitensteuerung wird Δ in jedem Schritt so angepasst, dass der Abstand zwischen der alten und der neuen mittleren quadratischen Geschwindigkeit, die als Abszisse der L-Kurve eingesetzt wird, weder zu klein noch zu groß wird, weil sonst die Berechnung der zweiten Ableitung numerisch instabil würde [18]. Da die sich ergebende mittlere quadratische Geschwindigkeit nicht linear vom Regularisierungsparameter abhängt, muss die Schrittweite bei jeder Iteration neu bestimmt werden. Diese Prozedur wird solange fortgesetzt, bis das Residuum gleich Null ist, $\sigma_{reg\,i}$ zu groß oder der Abstand zwischen alter und neuer mittlerer quadratischer Geschwindigkeit trotz großer Schrittweite zu klein wird [77].

Abbildung 3.1 zeigt die L-Kurven der Rekonstruktionen zweier Messungen am Demonstrationsexperiment für das Pumpen nach oben (Abbildung 3.1(a)) und das Pumpen nach unten (Abbildung 3.1(b)). Für beide Rekonstruktionen wurden zwei unterschiedliche optimale Parameter σ^*_{reg} gefunden, was im Vergleich zur Verwendung eines fest eingestellten Regularisierungsparameters durchaus für den Einsatz dieser Vorgehensweise spricht.

Algorithmus 2 Das vollständige Berechnen der L-Kurve ist sehr zeitaufwändig, da das inverse Problem für jeden Punkt auf der L-Kurve gelöst werden muss. In einem iterativen heuristischen Verfahren, das sich weitgehend an das von Hansen und O'Leary [27] vorgestellte Verfahren anlehnt, wird zunächst die L-Kurve nur an wenigen Punkten ausgewertet und dazwischen durch stückweise affine Funktionen oder durch Splines approximiert und der Punkt der größten Krümmung berechnet. Iterativ wird nun dieser Punkt weiter verfeinert, indem in der Umgebung dieses Punktes das inverse Problem gelöst wird und die neuen Punkte in die L-Kurve integriert werden.

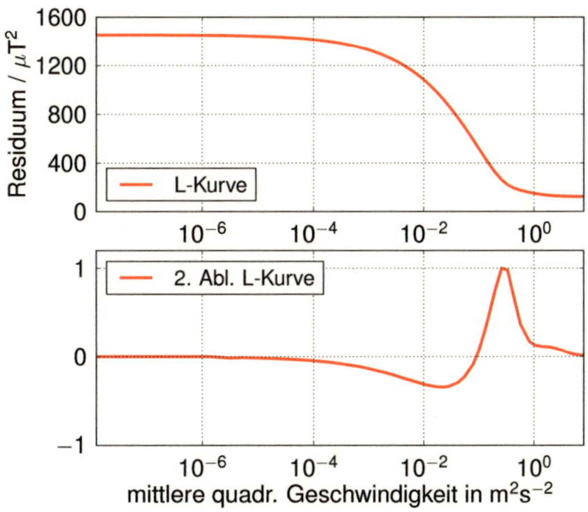

(a) Pumpen nach oben

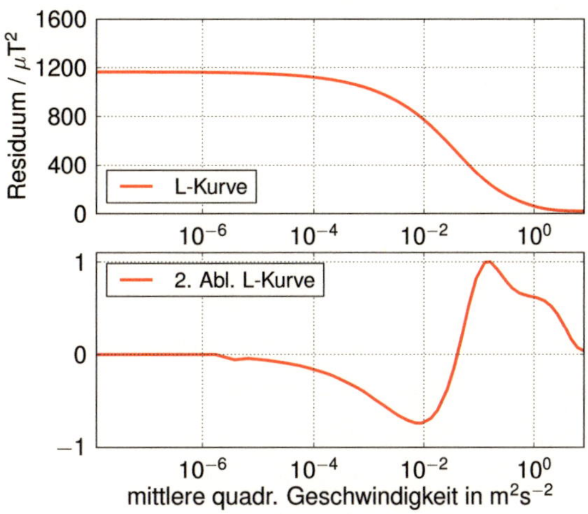

(b) Pumpen nach unten

Abbildung 3.1: Zwei L-Kurven von zwei Messungen am Demonstrationsexperiment

Dieses Verfahren wurde ebenfalls implementiert. Dabei startet der Algorithmus mit N Werten mit $\sigma_{reg_i} = 10^i\,\mathrm{m}^{\frac{5}{2}}\,\mathrm{s}^{-1}$, die den gesamten erwarteten Bereich des Regularisierungsparameters abdecken, und löst für diese Parameter das inverse Problem. Anschließend wird die zweite Ableitung und ihr Maximum bestimmt. Aus dem Wert von σ_{reg_i} am Maximum der zweiten Ableitung werden zwei neue Regularisierungsparameter links und rechts vom Maximum bestimmt, das inverse Problem für diese beiden Parameter gelöst und erneut das Maximum der zweiten Ableitung gesucht. Diese Prozedur wird solange wiederholt, bis der Abstand zwischen den Werten der mittleren quadratischen Geschwindigkeit gerade noch so groß ist, dass die zweite Ableitung noch numerisch stabil berechnet werden kann. Hat die L-Kurve mehrere lokale Maxima der zweiten Ableitung, dann kann nicht ausgeschlossen werden, dass nur ein lokales und kein globales Maximum gefunden wurde. Dieser Algorithmus wurde hauptsächlich für die Rekonstruktion der Geschwindigkeiten für die Experimente zum kontinuierlichen Stranggießen in Kapitel 4.6 eingesetzt, da für dieses Problem die zweite Ableitung der L-Kurve immer nur ein einziges Maximum besitzt.

Im Vergleich zu Algorithmus 1 ist dieses heuristische Verfahren erheblich schneller, da es weniger Schritte zum Finden des optimalen Regularisierungsparameters benötigt. Für eine Rekonstruktion der Strömung in der Kokille, die in Kapitel 4.4 vorgestellt wird, benötigt Algorithmus 1 etwa 200 Schritte, wohingegen Algorithmus 2 nur etwa 35 Schritte braucht.

3.2 Oberflächenintegrale

Zur Lösung des Integralgleichungssystems bestehend aus den Gleichungen (2.27) und (2.48) ist eine sehr genaue Berechnung der Oberflächenintegrale notwendig. Eine besondere Rolle spielt das Oberflächenintegral in der Integralgleichung (2.48) für das Potential an den Wänden, da die daraus resultierende Matrix $\mathbf{U}$ direkt in die zu invertierende Matrix $(\mathbf{I} - \mathbf{U})$ eingeht (siehe Gleichung (2.61) und (2.62)). Es ist bekannt, dass bei der numerischen Invertierung einer Matrix sehr kleine Fehler in der Ursprungsmatrix zu großen Fehlern in der invertierten Matrix führen können [18].

In der bisherigen Implementierung wurde das Integral, das ein Matrixelement von $\mathbf{U}$ entsprechend der Gleichung (2.61) berechnet, durch eine einfache Integration gelöst, indem der Integrand nur am Flächenschwerpunkt bestimmt wurde und mit dem Flächeninhalt multipliziert wurde. Diese einfache Methode war für einen

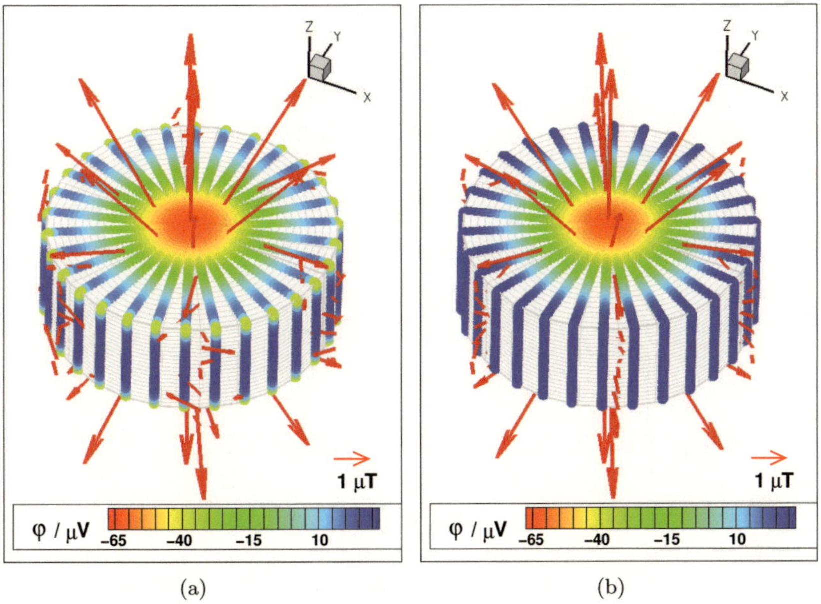

Abbildung 3.2: Induziertes elektrisches Potential und induziertes Magnetfeld für eine einfache Berechnung der Oberflächenintegrale (a) und für eine Berechnung mit dem Gauss-Quadraturverfahren mit 20 Stützstellen (b). Der grüne Ring an den Kanten des Zylinders in Abbildung (a) deutet auf eine nicht ausreichende Genauigkeit bei der Berechnung des Oberflächenintegrals hin, die auch eine unphysikalische azimutale Komponente des induzierten Magnetfeldes erzeugt.

Zylinder mit Aspektverhältnis von 1:1 ausreichend, wie er im in Kapitel 2.4 beschriebenen Demonstrationsexperiment eingesetzt wurde.

Es zeigte sich jedoch, dass für Zylinder mit einem Aspektverhältnis von 1:2, das dem typischen Seitenverhältnis des Volumens der Schmelze in einem Tiegel für die Czochralski-Kristallzüchtung entspricht, wie in Kapitel 6.1 gezeigt wird, diese einfache Berechnung des Oberflächenintegrals nicht genau genug ist. Dies zeigte sich bei einer Simulation für einen Zylinder mit der Höhe $H = 350\,\mathrm{mm}$ und Radius $R = 500\,\mathrm{mm}$, für die in Abbildung 3.2(a) das Potential an der Wand und das induzierte Magnetfeld für ein homogenes axiales Magnetfeld und dem Geschwindigkeitsfeld (2.75)-(2.77) abgebildet ist. Für diese Feldkonfiguration ist bekannt, dass die Komponente b_φ außerhalb des Fluids verschwinden muss, um die Rotationsfreiheit des magnetischen Feldes im Vakuum zu erfüllen. In Integralgleichung (2.27) wird dies dadurch erreicht, dass das durch das Volumenintegral ergebende b_φ durch den Beitrag des Oberflächenintegrals exakt aufgehoben wird.

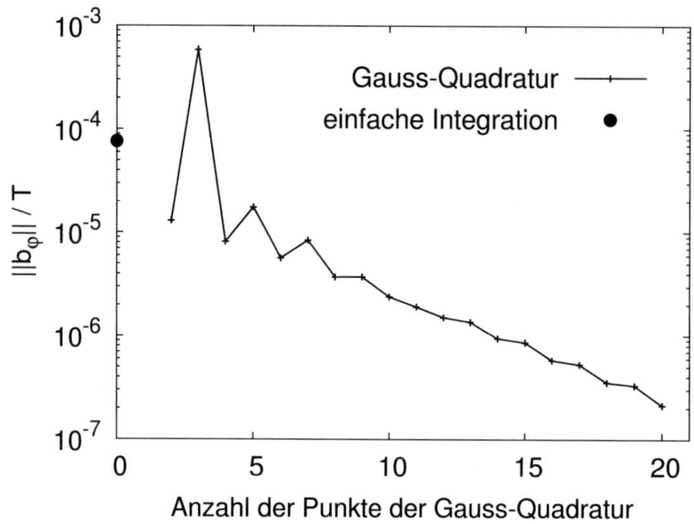

Abbildung 3.3: Abnahme der Norm der unphysikalischen azimutalen Komponente b_φ des induzierten Magnetfeldes mit Erhöhung der Anzahl der Stützstellen der Gauss-Quadratur

Durch den Einsatz einer zweidimensionalen Gauss-Quadratur mit 20 oder mehr Stützstellen für das Integral in Gleichung (2.61) konnte die Genauigkeit der Integration erheblich gesteigert werden. In Abbildung 3.2(b) ist sowohl das induzierte Magnetfeld als auch das Potential an der Oberfläche für die gleiche Geschwindigkeit und das gleiche Messfeld wie in Abbildung 3.2(a) unter Verwendung der Gauss-Quadratur mit 20 Stütztstellen gezeigt. Es ist offensichtlich, dass die unphysikalischen Ringe des Potentials an den Kanten des Zylinders verschwunden sind und die unphysikalische Komponente b_φ deutlich kleiner ist [77].

Um diese Verbesserung weiter zu quantifizieren, zeigt Abbildung 3.3 die Norm der induzierten Magnetfeldkomponente b_φ in Abhängigkeit von der Anzahl der Stützstellen der Gauss-Quadratur. Mit wachsender Anzahl der Stützstellen wird die Norm der azimutalen Komponente des Magnetfeldes exponentiell kleiner.

Aufgrund dieser Ergebnisse wurde die Gauss-Quadratur zur Berechnung des Oberflächenintegrals für das Potential in den Rekonstruktionsalgorithmus eingebunden. Um die Auswirkung dieser Verbesserung auf die Rekonstruktion zu untersuchen, wurde nun für diesen Zylinder und die gegebene Geschwindigkeit aus den simulierten induzierten Magnetfeldern für ein axiales und ein transversales Magnetfeld die Strömung rekonstruiert. Im Gegensatz zu der in Kapitel 2.3 angegebenen Sensorverteilung sind die Sensoren nur an der Seite des flachen Zylinders montiert,

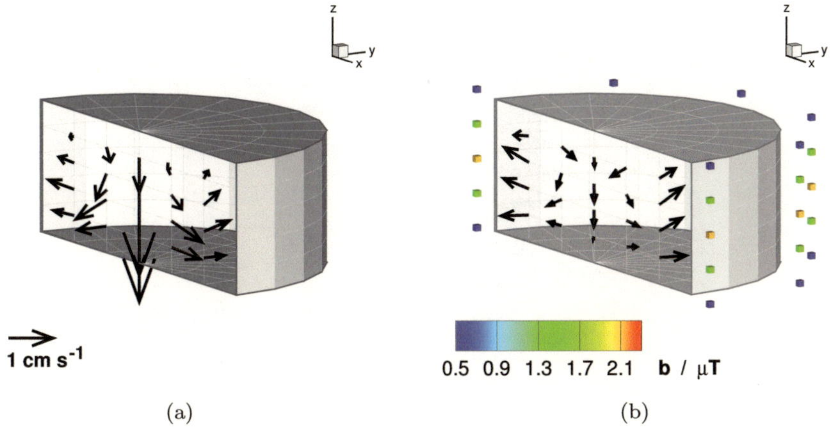

Abbildung 3.4: Vergleich zwischen dem originalen Geschwindigkeitsfeld (a) und dem mit CIFT rekonstruierten Geschwindigkeitsfeld (b) für einen Zylinder mit Höhe $H = 350\,\mathrm{mm}$ und Radius $R = 500\,\mathrm{mm}$, wobei das Oberflächenintegral für das Potential mit der Gauss-Quadratur mit 20 Stützstellen berechnet wurde

was einer Anordnung der Sonden an einer Kristallzüchtungsanlage entspricht, wo der Bereich über und unter der Schmelze für die Sonden nicht zugänglich ist (vgl. dazu auch Kapitel 6).

Abbildung 3.4(b) zeigt das an den Sonden simulierte induzierte Magnetfeld für das axiale Messfeld mit 4 mT Stärke und das aus den simulierten Magnetfeldern mit dieser Sensoranordnung rekonstruierte Geschwindigkeitsfeld. Als Vergleich ist in Abbildung 3.4(a) das originale Geschwindigkeitsfeld dargestellt. Diese Rekonstruktion wäre ohne die genaue Berechnung des Oberflächenintegrals nicht möglich gewesen. Vergleicht man die beiden Geschwindigkeitsfelder, dann fällt auf, dass die Geschwindigkeiten am Rand des Zylinders sehr gut übereinstimmen, jedoch die gewählte starke, strahlartige Abwärtsströmung auf der Achse des Zylinders in der Rekonstruktion zu schwach ausfällt. Diese „Glättung“ des Geschwindigkeitsfeldes ist ein typisches Ergebnis der Regularisierung, die auch bei der Rekonstruktion des Strahls aus dem Tauchrohr beim kontinuierlichen Stranggießen in Kapitel 4.4 zu sehen sein wird.

Berechnet man die L-Kurve mit dem Algorithmus 1 aus Kapitel 3.1 und bestimmt man zusätzlich sowohl die Korrelation als auch den mittleren quadratischen Fehler zwischen originalem und rekonstruiertem Geschwindigkeitsfeld, dann erhält man eine sehr gute Korrelation von 80 % und einen mittleren quadratischen Fehler von

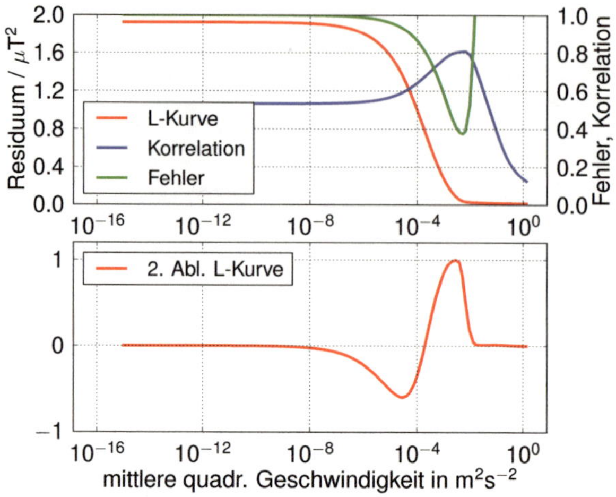

Abbildung 3.5: Die L-Kurve der Tikhonov Regularisierung für die rekonstruierte Geschwindigkeit aus Abbildung 3.4

40 %. Dies ist in Abbildung 3.5 nochmals verdeutlicht, in der die L-Kurve für diese Rekonstruktion dargestellt ist.

3.3 Gradiometrische Messung

Die Messung der induzierten Magnetfelder, die in industriell relevanten Anwendungen typischerweise in der Größenordnung von 10 bis 1000 nT liegen, ist sehr störanfällig gegenüber kleinsten Magnetfeldänderungen aus der Umgebung. So wird in Kapitel 5.1 bei einer Messung gezeigt werden, dass z. B. schon das bloße Öffnen einer Stahlschranktür in 2 m Entfernung zum Experiment eine Signaländerung erzeugt, die in der gleichen Größenordnung wie das zu messende induzierte Magnetfeld liegt.

Eine Möglichkeit, solche Störungen aus der Umgebung zu reduzieren, ist die Messung des räumlichen Gradienten des Magnetfeldes anstelle des absoluten Magnetfeldes. Hierbei wird ausgenutzt, dass der Gradient eines Magnetfeldes schneller mit dem Abstand abfällt als das Magnetfeld selbst. Somit weisen Magnetfeldquellen in größerem Abstand einen deutlich kleineren Gradienten auf als das durch die sensornahe Strömung induzierte Magnetfeld.

Da die üblichen Gradientensonden in der Regel immer als Differenzensonden

Abbildung 3.6: Foto einer Fluxgate-Gradientensonde, die Mittelpunkte der beiden Kerne der Sonde sind mit den 2 weißen Ringen (schwarze Pfeile) markiert

aufgebaut sind, lässt sich die an der Sonde gemessenen Differenz b_G mit

$$b_G(\mathbf{r}) = \big[\mathbf{b}(\mathbf{r}) - \mathbf{b}(\mathbf{r}+\mathbf{h})\big] \cdot \frac{\mathbf{h}}{|\mathbf{h}|} \tag{3.2}$$

berechnen. Dabei gibt $\mathbf{h}$ den Differenzvektor und $|\mathbf{h}|$ den Abstand der beiden Sondenteile der Gradientensonde an. Man beachte, dass durch die Differenzbildung bereits die Richtung des Magnetfeldgradienten vorgegeben ist. Abbildung 3.6 zeigt ein Foto einer Fluxgate-Gradientensonde mit Angabe von $\mathbf{r}$ und $\mathbf{h}$. Die beiden weißen Ringe auf der Sonde geben die Mittelpunkte der beiden Kerne zur Messung des Magnetfeldes an (markiert mit den schwarzen Pfeilen). Der Vektor $\mathbf{h}$ zeigt vom hinteren Sondenteil zum vorderen Sondenteil. Somit gibt $\mathbf{r}$ die Koordinate des hinteren Sondenteils im Raum an.

Wendet man diesen Ansatz auf die Integralgleichung (2.27) an und ersetzt $\mathbf{B}$ durch $\mathbf{B}_0$, dann ergibt sich für die gemessene Differenz des induzierten Magnetfeldes an der Stelle $\mathbf{r}$ folgende Integralgleichung:

$$\begin{aligned} b_G(\mathbf{r}) = \frac{\mathbf{h}}{|\mathbf{h}|} \cdot \Bigg\{ \Bigg[& \frac{\mu_0\sigma}{4\pi} \iiint\limits_V \frac{\big[\mathbf{v}(\mathbf{r}') \times \mathbf{B}_0(\mathbf{r}')\big] \times (\mathbf{r}-\mathbf{r}')}{|\mathbf{r}-\mathbf{r}'|^3} dV' - \\ & \frac{\mu_0\sigma}{4\pi} \oiint\limits_S \varphi(\mathbf{s}') \frac{\mathbf{n}(\mathbf{s}') \times (\mathbf{r}-\mathbf{s}')}{|\mathbf{r}-\mathbf{s}'|^3} dS' \Bigg] - \\ \Bigg[& \frac{\mu_0\sigma}{4\pi} \iiint\limits_V \frac{\big[\mathbf{v}(\mathbf{r}') \times \mathbf{B}_0(\mathbf{r}')\big] \times \big[(\mathbf{r}+\mathbf{h})-\mathbf{r}'\big]}{|(\mathbf{r}+\mathbf{h})-\mathbf{r}'|^3} dV' - \\ & \frac{\mu_0\sigma}{4\pi} \oiint\limits_S \varphi(\mathbf{s}') \frac{\mathbf{n}(\mathbf{s}') \times \big[(\mathbf{r}+\mathbf{h})-\mathbf{s}'\big]}{|(\mathbf{r}+\mathbf{h})-\mathbf{s}'|^3} dS' \Bigg] \Bigg\} \, . \end{aligned} \tag{3.3}$$

Diese Erweiterung wurde ebenfalls in den Rekonstruktionsalgorithmus integriert, so dass auch Gradientensonden zur Messung des induzierten Magnetfeldes eingesetzt werden können. In Kapitel 5.2 wird am Beispiel des kontinuierlichen Stranggießens eine Messung des Gradienten des induzierten Magnetfeldes und das daraus rekonstruierte Geschwindigkeitsfeld vorgestellt.

3.4 Wechselfeld als Messfeld

Eine weitere Möglichkeit, das induzierte Magnetfeld von den Störungen aus der Umgebung zu trennen, ist der Einsatz eines Wechselfeldes als Erregerfeld. Dadurch dass nur diejenigen Informationen aus den gemessenen Daten gefiltert werden, die die gleiche Frequenz wie das Messfeld besitzen, gehen Signale mit anderen Frequenzen nicht in die Messung ein. Dies könnte man z. B. auch dazu einsetzen, beide für die dreidimensionale Rekonstruktion nötigen orthogonalen Messfelder gleichzeitig mit zwei verschiedenen Frequenzen anzulegen, um die zeitliche Auflösung der Messung zu erhöhen (vgl. Kapitel 2.4). Ein weiterer Vorteil eines Wechselfeldes ist die Möglichkeit, anstelle von Fluxgate- oder Hallsonden auch Induktionsspulen nutzen zu können, die auch bei hohen externen statischen Magnetfeldern, wie sie z. B. bei elektromagnetischen Bremsen beim Stahlguss eingesetzt werden, verwendbar sind, da sie nicht in Sättigung getrieben werden können.

Die mögliche Frequenz f des Messfeldes ist aufgrund des Skin-Effekts beschränkt, da für die Messung des induzierten Magnetfeldes ein Messfeld benötigt wird, welches das Fluid weitgehend durchdringt. Für ein leitfähiges Material mit der Leitfähigkeit σ und für eine Frequenz f ist die Eindringtiefe δ, bei der im leitfähigen Material das Magnetfeld auf $\frac{1}{e}$ geschwächt ist, gegeben durch [29]

$$\delta = \sqrt{\frac{1}{\mu_0 \sigma 2\pi f}} \,. \tag{3.4}$$

Je höher die Frequenz des Magnetfeldes ist, desto stärker wird das Magnetfeld in der Tiefe der Schmelze geschwächt. Für flüssige Metalle werden die Frequenzen in der Größenordnung einiger Hertz liegen. In den im Abschnitt 5.3 beschriebenen Experimenten mit Induktionsspulen wird als Frequenz $f = 1\,\mathrm{Hz}$ gewählt. Im übrigen ließe sich der Skin-Effekt im Prinzip ausnutzen, die Qualität der Rekonstruktion zu verbessern, indem für eine Rekonstruktion Messfelder mit unterschiedlichen Frequenzen angelegt werden, so dass Informationen über die Strömung aus unterschiedlichen Tiefen „abgeschält“ werden können. Dazu müsste das Integralgleichungssystem (2.27) und (2.48) für zeitabhängige Effekte erweitert werden [79], was jedoch nicht Gegenstand dieser Arbeit ist. Erschwerend kommt hinzu, dass bei höheren Frequenzen auch Gradienten der Leitfähigkeit der Schmelze ebenfalls in das induzierte Magnetfeld eingehen und das eigentliche strömungsinduzierte Signal verfälschen.

Daher werden nur Frequenzen in der Größenordnung von einigen Hz eingesetzt, so dass aufgrund der geringen Frequenz zu jedem Zeitpunkt das induzierte Magnetfeld als stationär betrachtet werden kann. Den Einsatz des Wechselfeldes kann man mit einem Trägerfrequenzverfahren vergleichen, bei dem die Änderung der Amplitude das durch die Strömung induzierte Magnetfeld darstellt, sodass sich das gemessene Magnetfeld $\tilde{b}$ am Sensor folgendermaßen ergibt:

$$\tilde{b}(t) = b_A(t) \cdot \sin(2\pi f t + \theta) + \tilde{B}(t) \; . \tag{3.5}$$

Dabei ist b_A die Amplitude des gemessenen Magnetfeldes, f die Frequenz des Messfeldes, θ die Phasenverschiebung und $\tilde{B}(t)$ der Konstantanteil.

Aus dem gemessen Signal $\hat{b}(t)$ wird der Verlauf der Amplitude $b_A(t)$ extrahiert und von der Nullmessung abgezogen. Die sich ergebende Differenz entspricht dem induzierten Magnetfeld, aus dem anschließend, wie auch bei einem statischen Messfeld, durch Invertieren des aus Gleichungen (2.27) und (2.48) bestehenden Integralgleichungssystems das Geschwindigkeitsfeld rekonstruiert wird. Die Extraktion der Amplitude kann mit dem beim Lock-in Messprinzip eingesetzten Quadraturdemodulationsverfahren berechnet werden. Die Phasenverschiebung θ gegenüber dem angelegten Messfeld wird zur Zeit nur zur Bestimmung des Vorzeichens des induzierten Magnetfeldes eingesetzt. Allerdings ist für die zukünftige Erweiterung von CIFT auch die Messung der Phasenlage möglich, wie sie z. B. jetzt schon in einem magnetischen Durchflussmesser verwendet wird [50].

Für die Messung des induzierten Magnetfeldes mit Induktionsspulen vereinfacht sich Gleichung (3.5) zu

$$\hat{b}(t) = b_A(t) \cdot \sin(2\pi f t + \theta) \; , \tag{3.6}$$

da der Konstantanteil nicht gemessen werden kann. An der Induktionsspule wird die induzierte Spannung gemessen, die sich aus der Fläche A und der Windungsanzahl N der Induktionspule folgendermaßen ergibt:

$$u(t) = -NA\dot{B}(t) \; . \tag{3.7}$$

Wird ein sinusförmiges Wechselfeld mit Frequenz f eingesetzt, dann ist das Magnetfeld an der Induktionspule entsprechend folgender Gleichung proportional zu der induzierten Spannung in der Induktionspule:

$$\tilde{b}(t) = \frac{u(t)}{2Nr^2\pi^2 f} \,. \tag{3.8}$$

Dabei wurde die Fläche A mit dem Radius r der Induktionsspule berechnet. Filtert man die Amplitude der Spannung $u_A(t)$ aus dem gemessenen Spannungsverlauf heraus, lässt sich das zugehörige Magnetfeld wie folgt berechnen:

$$b_A(t) = \frac{u_A(t)}{2Nr^2\pi^2 f} \,. \tag{3.9}$$

Dieses Messprinzip wurde sowohl bei den Messungen für das kontinuierliche Stranggießen (siehe Kapitel 5.3) als auch für die Messungen an einer Kristallzüchtungsanlage (siehe Kapitel 6.2.2) eingesetzt.

3.5 Berücksichtigung leitfähiger Wände

Eine wichtige Erweiterung des Integralgleichungssystems (2.27) und (2.48) ist die Einbeziehung leitfähiger Wände in die Berechnung des induzierten Magnetfeldes, da z. B. die Kokille beim kontinuierlichen Stranggießen aus Kupfer besteht und somit eine größere Leitfähigkeit als die Stahlschmelze besitzt (siehe Kapitel 4). Dies hat zur Folge, dass sich der durch die elektromotorische Kraft $\mathbf{v} \times \mathbf{B}$ entstehende Strom auch über diese Wände schließen kann. Da der Übergang zwischen den Leitfähigkeiten durch die Geometrie fest vorgegeben ist, ändert sich die Leitfähigkeit nur an der Fläche zwischen zwei Gebieten mit unterschiedlichen Leitfähigkeiten.

Abbildung 3.7 zeigt als Beispiel eine zweidimensionale Skizze eines stückweise homogenen Leiters, der aus drei Regionen D_1, D_2, D_3 mit den Leitfähigkeiten $\sigma_1, \sigma_2, \sigma_3$ besteht. Die Region D_4 repräsentiert das Vakuum mit der Leitfähigkeit $\sigma_4 = 0$, das den Leiter vollständig umgibt. Die einzelnen Grenzflächen zwischen den unterschiedlichen leitfähigen Regionen sind mit S_{ij} bezeichnet und die zugehörigen Normalenvektoren sind mit $\mathbf{n}_{ij}$ notiert. Dabei entspricht die Reihenfolge der Indizes i und j der Richtung des Normalenvektors. In der Menge $\mathcal{S}$ sind alle unterschiedlichen leitfähigen Regionen S_{ij} zusammengefasst.

Sei im Folgenden M die Anzahl der Regionen mit unterschiedlicher Leitfähigkeit, wobei das Gebiet D_M immer das außenliegende Vakuum bezeichnet. An jeder Grenzfläche S_{ij} muss sowohl der Strom als auch das Potential über die Fläche stetig

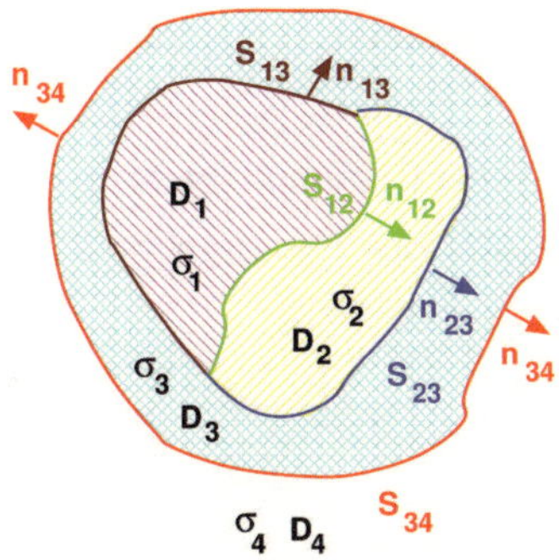

Abbildung 3.7: Eine zweidimensionale Skizze eines stückweise homogenen Leiters, der aus den drei Regionen D_1, D_2, D_3 mit verschiedenen Leitfähigkeiten $\sigma_1, \sigma_2, \sigma_3$ besteht. Die Flächen zwischen den unterschiedlich leitfähigen Regionen sind mit S_{ij} bezeichnet und die zugehörigen Normalenvektoren sind mit $\mathbf{n}_{ij}$ notiert. Die Region D_4 repräsentiert das umgebende Vakuum mit $\sigma_4 = 0$.

sein, so dass folgende Gleichungen gelten müssen:

$$\sigma_i \nabla \varphi_i \cdot dS_{ij} = \sigma_j \nabla \varphi_j \cdot dS_{ij} \ , \tag{3.10}$$

$$\varphi_i(S_{ij}) = \varphi_j(S_{ij}) \ . \tag{3.11}$$

Dabei ist dS_{ij} das Differentialelement auf der Fläche S_{ij}. Unter diesen beiden Annahmen lässt sich folgendes Gleichungssystem entwickeln, das das induzierte Magnetfeld berechnet [20, 21]:

$$\begin{aligned}\mathbf{b}(\mathbf{r}) = {} & \frac{\mu_0}{4\pi} \sum_{k=1}^{M} \sigma_k \iiint\limits_{D_k} \frac{\left[\mathbf{v}(\mathbf{r}') \times \mathbf{B}_0(\mathbf{r}')\right] \times (\mathbf{r} - \mathbf{r}')}{|\mathbf{r} - \mathbf{r}'|^3} dV_k' \\ & - \frac{\mu_0}{4\pi} \sum_{S_{ij} \in \mathcal{S}} (\sigma_i - \sigma_j) \iint\limits_{S_{ij}} \frac{\varphi(\mathbf{s}') \mathbf{n}_{ij}(\mathbf{s}') \times (\mathbf{r} - \mathbf{s}')}{|\mathbf{r} - \mathbf{s}'|^3} dS_{ij}' \ ,\end{aligned} \tag{3.12}$$

$$\begin{aligned}\varphi_{lm}(\mathbf{s}) = {} & \frac{1}{2\pi} \sum_{k=1}^{M} \frac{\sigma_k}{\sigma_l + \sigma_m} \iiint\limits_{D_k} \frac{\left[\mathbf{v}(\mathbf{r}') \times \mathbf{B}_0(\mathbf{r}')\right] \cdot (\mathbf{s} - \mathbf{r}')}{|\mathbf{s} - \mathbf{r}'|^3} dV_k' \\ & - \frac{1}{2\pi} \sum_{S_{ij} \in \mathcal{S}} \frac{\sigma_i - \sigma_j}{\sigma_l + \sigma_m} \iint\limits_{S_{ij}} \frac{\varphi(\mathbf{s}') \mathbf{n}_{ij}(\mathbf{s}') \cdot (\mathbf{s} - \mathbf{s}')}{|\mathbf{s} - \mathbf{s}'|^3} dS_{ij}' \ .\end{aligned} \tag{3.13}$$

Dieses Integralgleichungssystem wurde ursprünglich für die MEG entwickelt, um unterschiedlich leitfähige Gewebearten berücksichtigen zu können. So wird zwischen den Leitfähigkeiten des Gehirngewebes, des Schädelknochens und des Kopfhautgewebes unterschieden [22, 25].

Für CIFT lässt sich das Integralgleichungssystem (3.12) und (3.13) weiter vereinfachen, da nur in der Region des Flüssigmetalls $\mathbf{v} \neq 0$ ist. Somit ergibt sich folgendes neues Integralgleichungssystem:

$$\begin{aligned} \mathbf{b}(\mathbf{r}) = &\frac{\mu_0}{4\pi}\sigma_1 \iiint\limits_{D_1} \frac{\left[\mathbf{v}(\mathbf{r}') \times \mathbf{B}_0(\mathbf{r}')\right] \times (\mathbf{r} - \mathbf{r}')}{|\mathbf{r} - \mathbf{r}'|^3} dV_k' \\ &- \frac{\mu_0}{4\pi} \sum_{S_{ij} \in \mathcal{S}} (\sigma_i - \sigma_j) \iint\limits_{S_{ij}} \frac{\varphi(\mathbf{s}')\mathbf{n}_{ij}(\mathbf{s}') \times (\mathbf{r} - \mathbf{s}')}{|\mathbf{r} - \mathbf{s}'|^3} dS_{ij}' , \end{aligned} \tag{3.14}$$

$$\begin{aligned} \varphi_{lm}(\mathbf{s}) = &\frac{1}{2\pi} \frac{\sigma_1}{\sigma_l + \sigma_m} \iiint\limits_{D_1} \frac{\left[\mathbf{v}(\mathbf{r}') \times \mathbf{B}_0(\mathbf{r}')\right] \cdot (\mathbf{s} - \mathbf{r}')}{|\mathbf{s} - \mathbf{r}'|^3} dV_k' \\ &- \frac{1}{2\pi} \sum_{S_{ij} \in \mathcal{S}} \frac{\sigma_i - \sigma_j}{\sigma_l + \sigma_m} \iint\limits_{S_{ij}} \frac{\varphi(\mathbf{s}')\mathbf{n}_{ij}(\mathbf{s}') \cdot (\mathbf{s} - \mathbf{s}')}{|\mathbf{s} - \mathbf{s}'|^3} dS_{ij}' . \end{aligned} \tag{3.15}$$

Im Vergleich zum ursprünglichen Integralgleichungssystem (2.27) und (2.48) ändern sich nur die Beiträge der Oberflächenintegrale. Somit müssen zusätzlich nur die Grenzflächen zwischen den Regionen diskretisiert werden, was die Anzahl der Oberflächenelemente erhöht. Entsprechend zum Vorgehen in Kapitel 2.1 lässt sich dieses Integralsystem in Matrixschreibweise darstellen, wobei bei jedem Oberflächenelement zusätzlich die jeweiligen Leitfähigkeiten berücksichtigt werden müssen.

Diese Methode wurde ebenfalls in das Programm integriert. Ein Vergleich zwischen dem berechneten induzierten Magnetfeld und einer Messung mit leitfähigen Wänden wird in Kapitel 5.4 beschrieben.

3.6 Zweidimensionales Geschwindigkeitsfeld mit Einströmung

In Kapitel 2.2 wurde die Rekonstruktion eines dreidimensionalen Geschwindigkeitsfeldes in einem abgeschlossenen Volumen vorgestellt. Für die Messung der Strömung in einigen technischen Anwendungen, wie z. B. beim kontinuierlichen Stranggießen von Brammen (vgl. Kapitel 4), genügt es aber, nur eine zweidimensionale Geschwindigkeitsverteilung zu rekonstruieren, da das Volumen der Schmelze in der Kokille sehr schmal und die dominierende Strömung daher im wesentlichen zweidimensional ist. Zudem ist das Volumen nicht in sich abgeschlossen, sondern besitzt

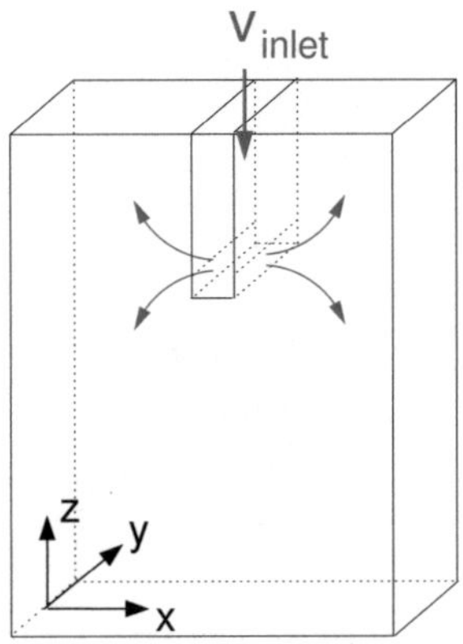

Abbildung 3.8: Dreidimensionales Modell einer Kokille für die Rekonstruktion mit entsprechendem Koordinatensystem und $\mathbf{v}_{inlet}$

einen Zulauf und einen Ablauf.

Für die Rekonstruktion der zweidimensionalen Strömung im Volumen genügt ein einziges Messfeld. Um den bisherigen dreidimensionalen Löser des inversen Problems für diese Geometrie weiter nutzen zu können, wird eine Komponente des Geschwindigkeitsfeldes auf Null gesetzt. Aus der Anwendung des kontinuierlichen Stranggießens ergibt sich, dass auch die einströmende Schmelze im Wesentlichen parallel zum Messfeld fließt. Auch diese bekannte Information soll bei der Rekonstruktion der Strömung berücksichtigt werden.

Aus diesen Überlegungen heraus wird als zweidimensionale Ebene die xz-Ebene gewählt, so dass die y-Komponente der Strömung Null sein muss. Als Einströmbedingung ist die Geschwindigkeit im Zulauf $\mathbf{v}_{inlet} = v_{inlet}\mathbf{e}_z$ vorgegeben. Dies entspricht der Konfiguration, wie sie beim kontinuierlichen Stranggießen eingesetzt wird, was in Kapitel 4 beschrieben ist. Abbildung 3.8 zeigt exemplarisch das dreidimensionale Modell einer Kokille mit dem entsprechenden Koordinatensystem. Somit setzt sich das zu minimierende Funktional für ein zweidimensionales Geschwindigkeitsfeld mit Einströmung wie folgt zusammen:

$$F[\tilde{\mathbf{v}}] = F_{B_0}[\tilde{\mathbf{v}}] + F_{2D}[\tilde{\mathbf{v}}] + F_{inlet}[\tilde{\mathbf{v}}] + F_{div}[\tilde{\mathbf{v}}] + F_{reg}[\tilde{\mathbf{v}}] \,. \tag{3.16}$$

Dabei sind die einzelnen Funktionale analog zu den Funktionalen (2.71) - (2.74) folgendermaßen definiert:

$$F_{B_0}[\tilde{\mathbf{v}}] = \sum_{i=1}^{n_b} \frac{1}{\sigma_{i,B_0}^2} \left\{ \hat{b}_i^{B_0} - b_i^{B_0}[\tilde{\mathbf{v}}] \right\}^2 \,, \tag{3.17}$$

$$F_{2D}[\tilde{\mathbf{v}}] = \frac{1}{\sigma_{2D}^2} \sum_{k=1}^{n_V} v_{y,k}^2 \,, \tag{3.18}$$

$$F_{inlet}[\tilde{\mathbf{v}}] = \frac{1}{\sigma_{inlet}^2} \sum_{k \in M_{inlet}} \left\{\mathbf{v}_k - \mathbf{v}_{inlet}\right\}^2 \,, \tag{3.19}$$

$$F_{div}[\tilde{\mathbf{v}}] = \frac{1}{\sigma_{div}^2} \sum_{k=1}^{n_V} \Delta V_k (\nabla \cdot \mathbf{v})_k^2 \,, \tag{3.20}$$

$$F_{reg}[\tilde{\mathbf{v}}] = \frac{1}{\sigma_{reg}^2} \sum_{k=1}^{n_V} \Delta V_k \mathbf{v}_k^2 \,. \tag{3.21}$$

Das erste Funktional $F_{B_0}[\tilde{\mathbf{v}}]$ repräsentiert wie bisher die mittlere quadratische Abweichung der gemessenen induzierten Magnetfelder $\hat{b}_i$ von den mit Gleichung (2.66) modellierten Magnetfeldern b_i. Das zweite Funktional $F_{2D}[\tilde{\mathbf{v}}]$ setzt die y-Komponente der Strömung auf Null, so dass nur ein zweidimensionales Geschwindigkeitsfeld in der xz-Ebene rekonstruiert wird. Die mittlere Einströmgeschwindigkeit im Zulauf wird durch das Funktional $F_{inlet}[\tilde{\mathbf{v}}]$ gesetzt. Das Funktional $F_{div}[\tilde{\mathbf{v}}]$ garantiert die Divergenzfreiheit der Strömung und $F_{reg}[\tilde{\mathbf{v}}]$ ist das Funktional der Tikhonov-Regularisierung.

Die Parameter σ_{i,B_0} und σ_{inlet}^2 sind die angenommenen a priori Fehler der Messung der induzierten Magnetfelder und der gegebenen mittleren Einlaufgeschwindigkeit. Der Parameter σ_{div} wird analog zum inversen Problem in Abschnitt 2.2 gewählt, um die Divergenzfreiheit zu garantieren. Wie bereits beschrieben, wurde bei den ersten numerischen Untersuchungen für die in Abschnitt 4.4 vorgestellte Rekonstruktion der Strömung in der Kokille auch die Effekte der Veränderung von σ_{div} auf das rekonstruierte Geschwindigkeitsfeld untersucht. Dabei wurde festgestellt, dass sich das Geschwindigkeitsfeld bei einer Wahl von σ_{div} aus dem Bereich zwischen $10^{-3}\,\mathrm{m}^{\frac{3}{2}}\,\mathrm{s}^{-1}$ und $10^{3}\,\mathrm{m}^{\frac{3}{2}}\,\mathrm{s}^{-1}$ nicht änderte. Ebenso wird auch der Parameter $\sigma_{2D} = 1\,\mathrm{m\,s}^{-1}$ gesetzt, um die Zweidimensionalität der Strömung zu garantieren. Der letzte Parameter σ_{reg} ist der eigentliche Parameter der Tikhonov-Regularisierung, für den für jede Rekonstruktion ein optimaler Wert bestimmt werden muss, wie bereits in Kapitel 2.2 dargelegt wurde.

Mit dem in diesem Kapitel beschriebenen Funktional (3.16) wird die zweidimensionale Strömung in einer Kokille für Brammen im kontinuierlichen Stranggießen rekonstruiert, was in Kapitel 4 genauer beschrieben wird.

3.7 Numerische Implementierung

Für die Berechnung des induzierten Magnetfeldes wurde die Gleichung (2.64) für zylindrische und kartesische Koordinaten in Fortran implementiert, wobei das Erzeugen der einzelnen Matrizen durch OpenMP Direktiven beschleunigt wurde [47]. Zur Invertierung der Matrix $\overline{(\mathbf{I}-\mathbf{U})}$ wurde die entsprechende Funktion der LAPACK Bibliothek [1] (ACML Bibliothek von AMD, Version 4.3) eingesetzt. Analog dazu wurde auch die Lösung des inversen Problems in Fortran implementiert, wobei das Cholesky-Verfahren der ACML Bibliothek verwendet wurde. Für jede Rekonstruktion eines Geschwindigkeitsfeldes kann der optimale Regularisierungsparameter σ_{reg}^* mit einer der in Kapitel 3.1 vorgestellten Methoden automatisch gesucht werden. Der gesamte Programmaufbau ist modular konzipiert, so dass relativ einfach Erweiterungen wie z. B. ein neues Regularisierungsverfahren integriert werden können.

Gerade bei der Rekonstruktion der Strömung beim kontinuierlichen Stranggießen, das im nächsten Kapitel 4 vorgestellt wird, ergab sich, dass die Minimierung des Funktionals (3.16) für einen Regularisierungsparameter σ_{reg} aufgrund der hohen Auflösung des Gitters bereits 1.8 s auf einem Intel Core i7 920 mit 4 Prozessoren in Anspruch nahm. Der schnelle Algorithmus 2 zur Suche des optimalen Regularisierungsparameters benötigte ungefähr 30 Iterationen, so dass für die Rekonstruktion eines Geschwindigkeitsfeldes mindestens 54 s benötigt wurden. Für eine geplante Echtzeit-Anwendung ist diese Laufzeit viel zu hoch.

In den letzten Jahren wurden immer leistungsfähigere Grafikkarten entwickelt, deren Grafikprozessor (GPU) auch allgemeine Berechnungen in einfacher und doppelter Genauigkeit für numerische Berechnungen durchführen kann. Durch die massiv parallele Architektur von mehreren hundert arithmetischen Einheiten, die ursprünglich für das Rendern dreidimensionaler Szenen in Computerspielen entwickelt wurden, eignen sich diese Grafikkarten sehr gut für parallele Berechnungen. Die Firma NVIDIA bietet für ihre Grafikkarten die CUDA-Programmierschnittstelle (Compute Unified Device Architecture) an, mit der Programme auf der GPU rechnen können. Für die Operationen mit Matrizen und Vektoren wird auch eine Implementierung der BLAS-Bibliothek (cuBLAS) bereitgestellt, mit der effizient z. B. zwei Matrizen auf der Grafikkarte multipliziert werden können.

Für diese Architektur wurde auch schon in den Veröffentlichungen von Volkov et al. [72] und Tomov et al. [69] untersucht, wie groß der Performanzgewinn von Matrixfaktorisierungen für voll besetzte Matrizen wie die Cholesky-Dekomposition ist, wenn sie auf einer GPU ausgeführt werden. Dabei konnte gezeigt werden, dass eine signifikante Laufzeitverkürzung möglich ist. Diese Untersuchungen führten zur Entwicklung der MAGMA Bibliothek [69], die eine Implementierung der LAPACK Routinen auf Grafikkarten bietet.

Aufgrund dieser vielversprechenden Ergebnisse wurde in einem ersten Schritt die Minimierung des Funktionals (3.16) und die automatische Suche nach einem optimalen Regularisierungsparameter in CUDA implementiert. Zur Lösung der sich ergebenden Normalgleichung wurde das Cholesky-Verfahren der MAGMA Bibliothek eingesetzt. Um die Kommunikation zwischen Rechner und GPU zu minimieren, wurden alle nötigen Matrizen und Vektoren in dem Arbeitsspeicher der Grafikkarte abgelegt, so dass nur noch für jede Rekonstruktion die Messdaten und das daraus rekonstruierte Geschwindigkeitsfeld zwischen Rechner und GPU ausgetauscht werden müssen.

Im Vergleich zum Core i7 920 nimmt die Rekonstruktion für einen Regularisierungsparameter auf einer NVIDIA Quadro 5000 Grafikkarte nur noch 0.5 s in Anspruch. Diese Beschleunigung reicht zwar noch nicht aus, um eine Rekonstruktion in Echtzeit zu realisieren, zeigt aber, dass sich eine Weiterentwicklung der Rekonstruktion auf Grafikkarten lohnen würde. Zudem gäbe es die Möglichkeit, das Geschwindigkeitsfeld auch auf der Grafikkarte für die Anzeige aufzubereiten.

4 Kontinuierliches Stranggießen

Das kontinuierliche Stranggießen ist ein Verfahren zum Gießen eines Endlosstranges aus flüssigen Metallen wie Stahl, Aluminium oder Kupferlegierungen. Dieser Strang kann am Ende durch eine Säge in einzelne Stücke geteilt werden oder direkt anschließend in einer Walzstraße weiterverarbeitet werden. Durch eine auf die nachfolgenden Verarbeitungsschritte angepasste Form der Kokille lässt sich die Verweilzeit des Stranges in den nachfolgenden Walzstraßen deutlich reduzieren. Abbildung 4.1 zeigt die in der Stahlindustrie eingesetzten typischen Formen von Kokillen. Die größten Abmessungen haben die Kokillen für Brammen (a) und Dünnbrammen (b), deren Breite mehr als 3000 mm bei einer Dicke zwischen 50 mm und mehreren 100 mm betragen kann. Aus den Brammen werden anschließend im Walzwerk Bleche gewalzt. Rechteckige Querschnitte, deren Breite nicht doppelt so groß wie ihre Dicke ist, werden Knüppel mit rechteckigem Querschnitt genannt (c) und haben in der Regel eine Querschnittsfläche von 600 mm × 400 mm. Zur Produktion von Stahlstäben werden zylindrische Kokillen (d) eingesetzt, deren Durchmesser in der Regel zwischen 200 mm und 500 mm liegt. Eine besonders angepasste Form der Kokille wird bei der Produktion von Doppel-T-Trägern eingesetzt (e). Durch die Verengung des Querschnitts in der Mitte der Kokille wird der zeitliche Aufwand in der Walzstraße deutlich verringert verglichen mit der Verwendung eines

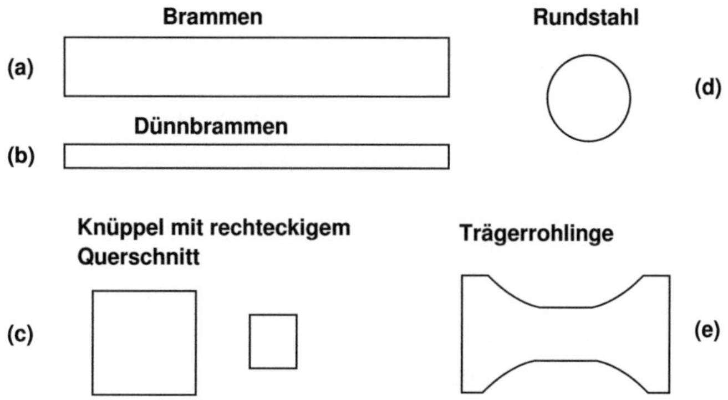

Abbildung 4.1: Typische Kokillenformen für das Stranggießen von Stahl

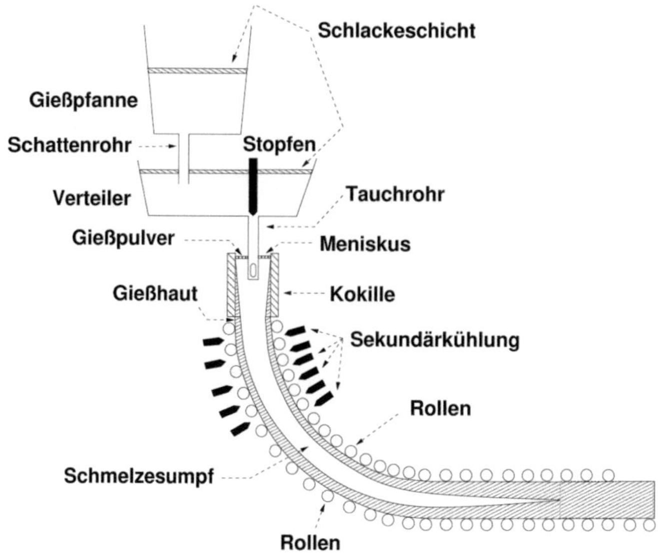

Abbildung 4.2: Skizze einer Stranggießanlage

rechteckigen Ausgangsmaterials. Somit ist das kontinuierliche Stranggießen weitaus effizienter als das einfachere Blockgießen, bei dem bei jedem Guss nur ein Block gegossen werden kann, der anschließend durch Walzen in die entsprechende Form gebracht werden muss. In der Stahlindustrie wird 90% der produzierten Stahlmenge mit dem kontinuierlichen Stranggießen produziert [78].

Abbildung 4.2 zeigt den schematischen Aufbau einer Stranggießanlage. In der Gießpfanne wird das flüssige Metall zur Stranggießanlage transportiert und fließt von dort durch das Schattenrohr in den Verteiler. Der Verteiler ermöglicht das Wechseln der Gießpfanne, ohne den Gießprozess zu unterbrechen und beruhigt die Strömung der durch das Schattenrohr fließenden Schmelze. An den Verteiler sind ein oder mehrere Gießstränge angeschlossen. Ein Gießstrang beginnt mit einem Tauchrohr, durch den das flüssige Metall in die wassergekühlte Kokille fließt, an deren Kontaktflächen der flüssige Stahl zu erstarren beginnt und sich die Gießhaut bildet. Beim Austritt aus dem Boden der Kokille muss die Gießhaut bereits so dick sein, dass sie dem hydrostatischen Druck des innen noch flüssigen Metalls standhält und nicht aufbricht. Unterhalb der Kokille wird der Strang auf dicht nebeneinander liegenden Rollen weitertransportiert, um ein Ausbeulen der Gießhaut aufgrund des hydrostatischen Drucks zu vermeiden, da dies zu Oberflächendefekten führen würde. Zwischen den Rollen sind Düsen angeordnet, die die Strangoberfläche mit einem Wassernebel besprühen, um den Strang weiter zu kühlen und dadurch den

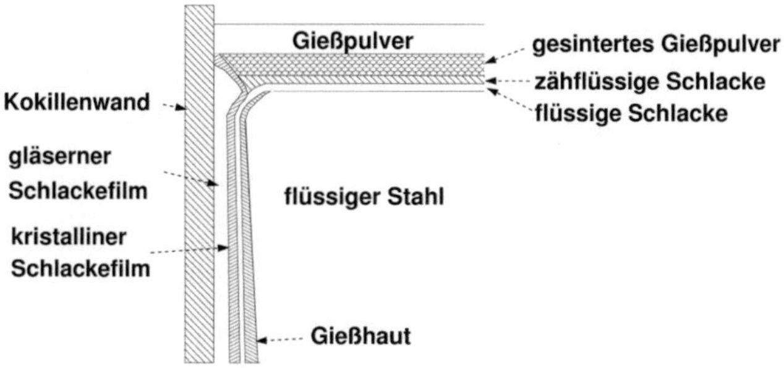

Abbildung 4.3: Skizze der unterschiedlichen Schlackeschichten in einer Kokille in der Nähe des Meniskus

noch flüssigen inneren Kern des Strangs vollständig erstarren zu lassen. Die Länge des Strangs von der Oberfläche der Schmelze in der Kokille, dem Meniskus, bis zum Punkt der vollständigen Erstarrung des Strangs wird metallurgische Länge bezeichnet. Anschließend wird der Strang in einzelne Stücke geschnitten oder direkt zur Walzstraße weiterbefördert.

Die Ziehgeschwindigkeit des Stranges wird durch den Volumenstrom der durch das Tauchrohr fließenden Schmelze kontrolliert. Dazu wird entweder ein Stopfen eingesetzt, der von oben den Volumenstrom begrenzt, oder ein sogenanntes „Sliding Gate" verwendet, das den Querschnitt des Tauchrohrs unter dem Verteiler verengt. Damit möglichst wenige Einschlüsse im Strang entstehen, ist es besonders wichtig, die Oxidation des flüssigen Metalls zu vermeiden. Daher sind die Oberflächen in der Gießpfanne und im Verteiler mit Schlacke bedeckt. Die freie Oberfläche des flüssigen Stahls in der Kokille wird während des Gießens kontinuierlich mit Gießpulver bedeckt, dessen Kohlenstoffanteil den noch vorhandenen Sauerstoff zu Kohlenmonoxid bindet, und somit den flüssigen Stahl vor Oxidation schützt [43]. Das Gießpulver auf dem Meniskus hat noch weitere wichtige Funktionen: Es fungiert als thermische Isolierung, damit der Stahl am Meniskus nicht zu stark auskühlt und zähflüssig wird, es bindet nach oben austretende Verunreinigungen und dient als Schmiermittel zwischen der Kokille und der entstehenden Gießhaut. Abbildung 4.3 zeigt eine schematische Zeichnung der unterschiedlichen Schlackeschichten, wie sie von Mills et al. [43] beschrieben sind. Der Meniskus wird während des Gießprozesses immer mit Gießpulver beschickt und ist mit dem noch festen Gießpulver bedeckt. Darunter befindet sich eine gesinterte, eine zähflüssige und eine vollständig geschmolzene Schlackeschicht, die auf dem flüssigen Stahl schwimmt. Direkt an der Wand der Kokille hat sich aufgrund der niedrigen Temperatur durch die Kühlung der Kokille eine ca. 2 mm dicke zu Glas erstarrte, und eine kristalline Schicht gebildet [43]. Zwischen dieser und der Gießhaut des Stranges ist eine 0.1 mm dünne flüssige Schicht Gießpulver, die als Gleitmittel für den Strang dient, damit dieser nicht an der Kokille anhaftet. Aufgrund der unterschiedlichen elektrischen Leitfähigkeit der verschiedenen Schichten an der Kokillenwand, muss auch CIFT für leitfähige Wände erweitert werden, worauf schon in Kapitel 3.5 eingegangen worden ist.

Zusätzlich wird die Kokille in einer oszillierenden Bewegung vertikal mit bis 400 Hüben pro Minute um bis zu 10 mm bewegt, um den Transport des Stranges aus der Kokille und um den Eintrag des Gießpulvers zwischen Kokillenwand und Gießhaut zu unterstützen. Diese Oszillation der Kokille kann durch einen einfachen mechanischen Antrieb oder durch eine hydraulische Anlage erfolgen, wobei bei letzter sogar ein beliebiges Bewegungsmuster für die Oszillation vorgegeben werden kann.

Um das Risiko zu reduzieren, dass das Tauchrohr verstopft, das bei Reoxidationsprozessen des Stahls, bei Unterkühlung des Tauchrohrs oder durch Akkumulation von festen Oxiden oder Sulfiden an der Tauchrohrwand gegeben ist, wird entweder durch den Stopfen oder im oberen Teil des Tauchrohrs von der Seite Argon eingeblasen. Dies führt zu einer Zweiphasenströmung von Gas und flüssigem Stahl sowohl im Tauchrohr als auch in der Kokille, was auf die Strömungsstruktur in der Kokille großen Einfluss hat. Zudem sollen die Gasblasen Fremdpartikel, wie Oxidpartikel, einfangen und zum Meniskus transportieren [80]. So kann z. B. eine große Anzahl Aluminiumoxidpartikel mit einer einzigen Blase gefangen werden.

4.1 Strömungsinduzierte Probleme in der Kokille

Das turbulente Geschwindigkeitsfeld in der Kokille hat einen großen Einfluss auf die Qualität des produzierten Stahls, weil es den Transport von Partikeln und Gasblasen beeinflusst: Entweder werden sie zum Meniskus transportiert, was gewünscht ist, oder sie werden zur Erstarrungszone transportiert und dort in den erstarrten Stahl als Defekte und Einschlüsse eingebaut, was die Qualität des produzierten Stahls vermindert. Eine sehr ausführliche Behandlung dieser Thematik ist z. B. in der Veröffentlichung von Zhang und Thomas zu finden [80].

Abbildung 4.4 illustriert eine Reihe von typischen durch die Strömung induzierten Problemen in einer Kokille für den Brammenguss [43, 80]. Durch das Zusetzen des Tauchrohrs wird eine asymmetrische Strömung im Tauchrohr und somit ein asymmetrisches Austreten des Strahls aus dem Tauchrohr erzeugt, was z. B. zu longitudinalen Rissen und zu ungewollten Oszillationen der Position des Meniskus

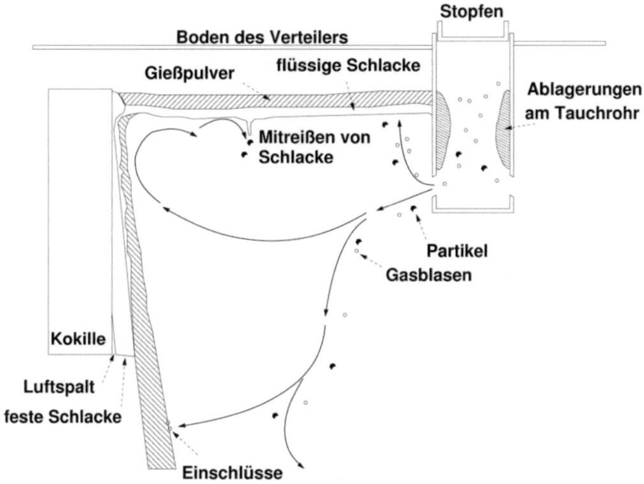

Abbildung 4.4: Typische Probleme beim Stranggießen

führen kann. Es können auch wieder Stückchen der Verstopfung abgerissen und in die Kokille transportiert werden. Das Einblasen von Argon in das Tauchrohr, das zur Verhinderung dieses Zusetzens verwendet wird, bringt zusätzliche Turbulenz in die Strömung und kann sogar den Ausströmwinkel des Strahls aus dem Tauchrohr entscheidend verändern, wenn in der Kokille aufsteigende Blasen die Strömung mit nach oben reißen. Dies führt zu einer zeitlich sehr stark variierenden Strömung in der Kokille und zu einer kräftigen und turbulenten Strömung am Meniskus. Die meisten Oberflächendefekte, wie Risse und Einschlüsse von Partikeln und Gasblasen, gehen vom Meniskus aus, wo die Gießhaut noch sehr dünn ist.

Zu hohe Strömungsgeschwindigkeiten und starke Turbulenzen am Meniskus begünstigen das Mitreißen von Partikeln aus der Schlackeschicht in das Schmelzbad, was die Wahrscheinlichkeit von Einschlüssen im erstarrten Stahl erhöht. Zudem kann auch eine Emulsion aus flüssiger Schlacke und flüssigem Stahl entstehen, die sogar einen Schaum bildet, wenn zu viel Argon eingeblasen wird.

Ist jedoch die Strömung am Meniskus zu schwach, kann der flüssige Stahl dort zu kalt werden, was zum Einfrieren des Meniskus führt. Dies begünstigt den Einbau von Partikeln und Blasen in die Schicht direkt unterhalb der Oberfläche der Gießhaut. Zudem kann es zu Problemen bei der Versorgung der Zwischenräume zwischen Tauchrohr und Stahl mit Gießpulver kommen, was zu einer ungleichmäßigen Schlackeschicht auf dem Meniskus führt. Auch Oszillationen der Höhe des Meniskus, die z. B. durch Gaseinblasen entstehen, sind die Ursache vieler Oberflächendefekte.

Die Strömung am Meniskus ist eng verknüpft mit der Position und Richtung des Strahls aus dem Tauchrohr. Ist die Position des Strahls tief, erhält man zwar eine langsame Strömung am Meniskus, aber eine große Anzahl von Partikeln und Gasblasen, die aus dem Tauchrohr kommen, werden sehr tief in das Schmelzbad transportiert, bevor sie zur Schlackeschicht aufsteigen können. Somit erhöht sich die Wahrscheinlichkeit von Einschlüssen. Ist die Position des Strahls andererseits zu hoch, erhält man eine starke Strömung am Meniskus. Dabei werden die Partikel und Gasblasen jedoch nicht so tief in die Schmelze eingetragen, so dass sich die Wahrscheinlichkeit von Einschlüssen reduziert.

Durch zeitliche Veränderungen der Position des aus dem Tauchrohr austretenden Strahls als auch seiner Temperatur und seiner Geschwindigkeit wird die Gießhaut am Auftreffpunkt des Strahls besonders beeinflusst. So kann die Dicke der Gießhaut zeitlich sehr variieren, was zu mehr Oberflächendefekten führen kann.

Beim Brammengießen wird zwischen drei dominierenden Strömungsmustern unterschieden, wie sie in Abbildung 4.5 gezeigt sind [35, 80]. Bei der als Doppelwirbel (double-roll) bezeichneten Strömungsstruktur in der Kokille, wie sie in Abbildung 4.5(a) skizziert ist, strömt der flüssige Stahl aus dem Tauchrohr schräg nach unten aus und teilt sich beim Auftreffen auf die Kokillenwand in einen oberen und einen unteren Wirbel auf. Diese Strömungsstruktur wird als optimal angesehen, wenn ihre Position nicht zu tief ist, weil sie Partikel und Gasblasen nach oben zum Meniskus befördert, wobei die Strömung am Meniskus nicht so groß ist, dass Schlackestücke vom Meniskus in die Schmelze mitgerissen werden.

Die in Abbildung 4.5(b) gezeigte Strömungsstruktur wird als Einzelwirbel (single-roll) bezeichnet. Der flüssige Stahl strömt aus dem Tauchrohr schräg nach oben aus, trifft auf den Meniskus und bildet eine Zirkulationszone. Diese Strömungsstruktur wird als sehr ungünstig eingeschätzt, da aufgrund der hohen Geschwindigkeiten am Meniskus das Mitreißen von Schlackestücken und Gasblasen in die Schmelze begünstigt wird. Zudem kann die Dicke der Schlackeschicht auf dem Meniskus insbesondere in Tauchrohrnähe unregelmäßig stark werden, was zu unterschiedlicher Wärmeisolierung führt.

Abbildung 4.5(c) zeigt eine chaotische Strömungsstrukur, die beim Übergang zwischen Einzelwirbel und Doppelwirbel auftreten kann und sehr turbulent ist. Diese Strömung ist besonders ungünstig, weil sie das Entstehen von vielen Einschlüssen und Oberflächendefekten fördert.

Aus all diesen Problemen ist ersichtlich, dass eine stabile Strömung während des Prozesses wünschenswert ist. Mit verschiedenen Mitteln wird versucht, die Strö-

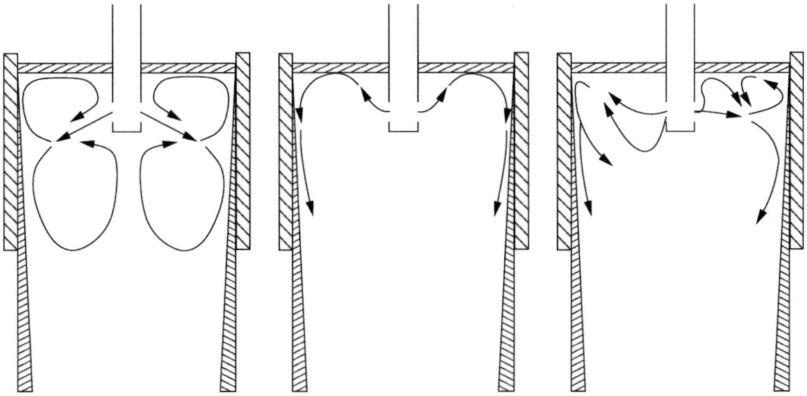

(a) Doppelwirbel (b) Einzelwirbel (c) chaotische Strömung

Abbildung 4.5: Die typischen Strömungsstrukturen beim Brammengießen

mung in der Kokille zu beeinflussen. Ein Schwerpunkt dabei ist die Entwicklung eines Tauchrohrs mit optimalen Auslassöffnungen. Zudem kann durch elektromagnetisches Rühren oder Bremsen die Strömung in der Kokille während des Gießprozesses von außen beeinflusst werden. Diese Verfahren nutzen die Lorentz-Kraft, um im Volumen des flüssigen Stahls die Strömung zu beeinflussen [11]. Die Lorentz-Kraft $\mathbf{f}$ ergibt sich aus der Strömung und dem Magnetfeld:

$$\mathbf{f} = \sigma(\mathbf{v} \times \mathbf{B} + \mathbf{E}) \times \mathbf{B} \,. \tag{4.1}$$

Eine elektromagnetische Bremse (electromagnetic brake (EMBR)) erzeugt ein horizontales statisches Magnetfeld in der Größenordnung von 0.5 T, das senkrecht zu den breiten Seiten der Kokille gerichtet ist. Es wird vor allem zur Reduzierung der Geschwindigkeit und Stabilisierung der Position des aus dem Tauchrohr austretenden Strahls genutzt, um eine ideale Strömungsform einzustellen.

Es können auch magnetische Wechselfelder zum Rühren der Schmelze eingesetzt werden. Dabei wird zwischen linearen (travelling magnetic field (TMF)) und ringförmigen Ausführungen (rotating magnetic field (RMF)) unterschieden. Solche Rührer werden an der Kokille (mould electromgnetic stirrers (MEMS)) oder im Verlauf des Stranges (strand electromagnetic stirrers (SEMS)) platziert. Die maximale Frequenz dieser Rührer ist vom Skin-Effekt begrenzt. Es müssen so niedrige Frequenzen gewählt werden, dass das Magnetfeld das Schmelzbad vollständig durchdringt, um auch in der Mitte der Schmelze eine Kraft einbringen zu können. Im Allgemeinen ist die Frequenz der Rührer in der Größenordnung von einem Hertz.

Systematische Untersuchungen der Strömung in der Kokille mit unterschiedlichen Tauchrohrgeometrien, mit Argoneinblasen und mit magnetischen Bremsen wurden hauptsächlich durch numerische Simulationen (siehe z. B. bei [9, 36, 62, 67]) durchgeführt, wobei in den meisten Fällen eine vollständige Validierung der Simulationsergebnisse durch Experimente fehlt. Als Validierung der Simulation werden meist Wassermodelle verwendet, bei denen etablierte Strömungsmesstechniken, wie z. B. PIV, eingesetzt werden. Jedoch lassen sich damit aufgrund der geringen elektrischen Leitfähigkeit von Wasser die Wirksamkeit von elektromagnetischen Rührern oder Bremsen nicht untersuchen. Auch aufgrund der unterschiedlichen Oberflächenspannungen von Wasser und flüssigem Stahl verhalten sich die Blasen in Wasser und flüssigem Stahl unterschiedlich.

Entsprechende experimentelle Studien mit flüssigen Metallen sind bis jetzt sehr selten. Eine Reihe von Versuchen wurde an in Betrieb befindlichen Anlagen durchgeführt [19, 44], um die Effektivität der elektromagnetischen Bremsen zu untersuchen. Dabei wurde die Strömung meist nur an wenigen Positionen in der Kokille oder am Meniskus mit einfachen mechanischen Messmethoden, wie mit einem Paddel oder einem Nagelbrett, die im nächsten Kapitel kurz beschrieben werden, gemessen und daraus auf die globale Strömung in der Kokille geschlossen.

4.2 Existierende Messmethoden für die Strömung in der Kokille

Messungen von Geschwindigkeiten in der Kokille einer Stranggießanlage sind wegen der hohen Temperatur des Stahls von ca. 1500 °C und seiner Undurchsichtigkeit sehr schwierig. Daher gibt es nur eine sehr begrenzte Anzahl von Messmethoden, die die Strömung auch nur lokal im Umfeld der Sonde messen können. Dabei unterscheidet man zwischen mechanischen Sonden, die in Kontakt mit der Schmelze stehen, und kontaktlosen Methoden, die auf magnetischen Messtechniken beruhen.

Zu den einfachen mechanischen Sonden zählt das Paddel, das in die Schmelze eingetaucht wird, wie Abbildung 4.6 zeigt. Es wird die Kraft gemessen, die sich durch die Anströmung des Paddels in der Schmelze ergibt. Mit dieser Sonde lässt sich das Verhalten einer Strömungskomponente über die Zeit an einer beliebigen Position in der Kokille qualitativ messen. Allerdings bleibt für komplexere Strömungsregime der Zusammenhang des Messwertes zur tatsächlichen lokalen Geschwindigkeit fragwürdig.

Ein weiteres mechanisches Verfahren ist die „Nagelbrett-Methode“, bei der auf

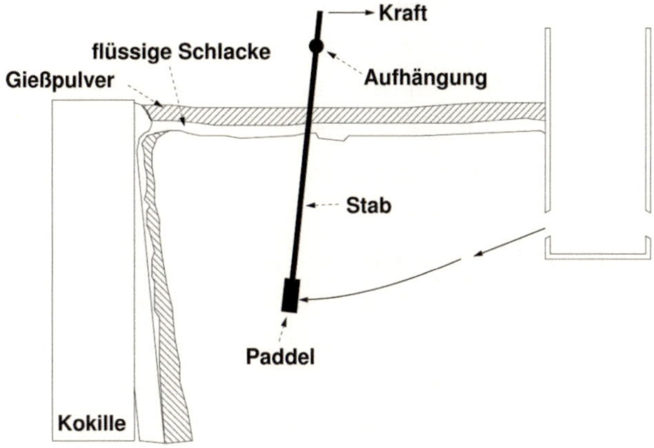

Abbildung 4.6: Skizze eines Paddels zur Messung der lokalen horizontalen Geschwindigkeitskomponente in einer Kokille

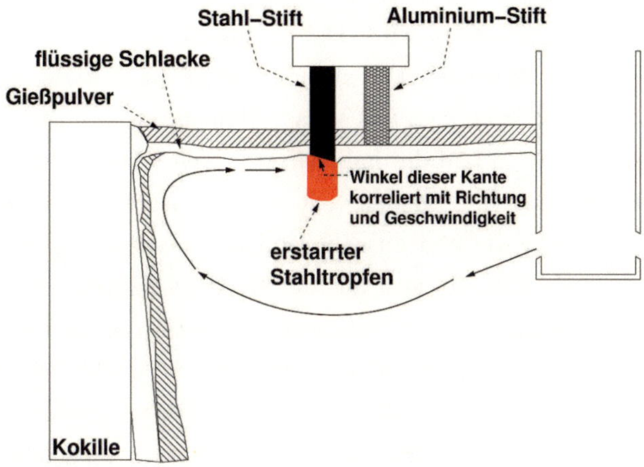

Abbildung 4.7: Skizze eines „Nagelbretts“ zur Messung der Schlackedicke und der horizontalen Strömung auf dem Meniskus

einem Brett montierte Stahl- und Aluminiumstifte für 3 s bis 4 s in die Schmelze eingetaucht werden, um die Oberflächengeschwindigkeit am Meniskus zu messen [66]. Die Aluminiumstifte schmelzen bereits in der flüssigen Schlackeschicht, so dass die Länge der Aluminiumstifte dem Abstand vom Brett zur flüssigen Schlacke in der Kokille entspricht. An den Stahlstiften erstarrt tropfenförmig der flüssige Stahl aus der Kokille, wie in Abbildung 4.7 gezeigt ist. Aus der Form dieses Tropfens kann die Richtung und der Betrag der horizontalen Strömung des Stahls an der Oberfläche abgeschätzt werden [66].

Argyropoulos [40, 41, 42] entwickelte eine Methode zur Messung der Strömung, indem er Stahlkugeln in das Schmelzbad eintaucht und die Zeit misst, die die Kugel zum Aufschmelzen benötigt. Diese Zeit ist abhängig von der Strömungsgeschwindigkeit und der Temperatur der Schmelze. Diese destruktive Methode benötigt mehrere Sensoren in der Stahlkugel und ist sehr aufwendig herzustellen.

Neben diesen mechanischen Messmethoden gibt es auch eine Reihe magnetischer kontaktloser Verfahren: Die Firma AMEPA in Aachen [31, 66] entwickelte kontaktlose induktive lokale Geschwindigkeitssonden zur Messung der Strömung in der Kokille. Eine Sonde besteht aus einem starken Permanentmagneten und zwei Magnetfeldsonden, die in einem definierten Abstand d voneinander entfernt sind, wie Abbildung 4.8 zeigt. Unter Einfluss des Magnetfeldes des Permanentmagneten wird durch die Strömung der Schmelze ein Strom $\mathbf{j}$ entsprechend der Gleichung (2.10) erzeugt. Dieser Strom induziert wiederum ein Magnetfeld, das durch die beiden Magnetfeldsonden gemessen wird. Dabei wird ausgenutzt, dass die Strömung in der Kokille hoch-turbulent ist. Die kleinen Turbulenzen in der Schmelze bewegen sich mit der Hauptströmung. Jede dieser kleinen lokalen Turbulenzen besitzt einen charakteristischen Verlauf des induzierten Magnetfeldes. Bewegt sich ein solches Turbulenzelement an den Sonden vorbei, wird dieses charakteristische Signal zuerst von der ersten Sonde und anschließend von der zweiten Sonde detektiert. Aus dem zeitlichen Versatz, der sich aus der Kreuzkorrelation der beiden Signale ergibt, kann die Richtung und die Stärke der Hauptströmung bestimmt werden. Diese Sonden wurden in einem Stahlwerk von LTV Steel 1997 eingebaut und für verschiedene Experimente mit Zweiphasenströmungen eingesetzt, die von Dauby et al. [10] beschrieben wurden. Dabei konnte erfolgreich zwischen verschiedenen Strömungsmustern unterschieden werden.

Ein weiterer lokaler magnetischer Sensor basiert auf dem Prinzip der Lorentz-Kraft. Er besteht aus einem Magneten, der über der Schmelze montiert wird und einer Messung der auf den Magneten wirkenden Kraft, die proportional zur Strömung in der Schmelze ist. Solche Sensoren konnten erfolgreich die mittlere Strömung

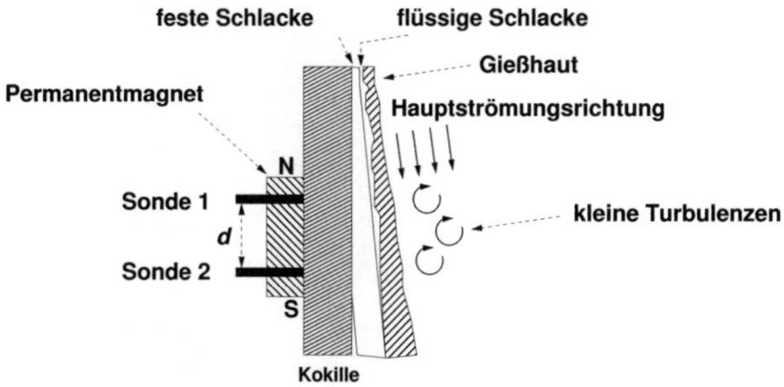

Abbildung 4.8: Skizze eines MFC Sensors der Firma AMEPA GmbH

auf dem Meniskus und im Tauchrohr messen [55].

Neben diesen Sensoren zur Strömungsmessung, gibt es auch einen elektromagnetischen Sensor zur Messung der Verteilung von Argon und flüssigem Stahl in einem Querschnitt des Tauchrohrs [38, 39]. Dieser Sensor basiert auf der Mutual Inductance Tomography (MIT), die die räumliche Leitfähigkeitsverteilung in einem Querschnitt eines Rohrs messen kann. Ein solcher Sensor wurde auch für eine Zweiphasenversuchsreihe mit CIFT eingesetzt, die in Kapitel 4.6.1 beschrieben wird.

4.3 Modell einer kontinuierlichen Stranggießanlage

Erste Modellexperimente zum kontinuierlichen Stranggießen mit niedrig schmelzenden Metallen wurden bereits im Jahre 2001 von einer japanischen Gruppe [28, 46] durchgeführt, die ein einfaches Modell eines Tauchrohrs und einer Kokille aufbauten und als flüssiges Metall Quecksilber verwendeten. Das Geschwindigkeitsfeld wurde mit Potentialsonden vermessen, um die Effekte eines statischen Magnetfeldes [28] und eines magnetischen Rührers [46] auf die Strömung zu untersuchen. Anknüpfend an diese Experimente und aufgrund der langjährigen Erfahrungen mit Modellexperimenten mit kalten Schmelzen [8, 16] wurde am HZDR das LIMMCAST Programm (Liquid Metal Model of continuous CASTing) ins Leben gerufen [68]. Dabei wurde ein Modell eines Verteilers, Tauchrohrs und einer Kokille entworfen, das mit niedrigschmelzenden Metalllegierungen betrieben wird, für die alle relevanten Eigenschaften der Strömung, vor allem das Geschwindigkeitsfeld in der Kokille und dem Verteiler mit guter räumlicher und zeitlicher Auflösung gemessen werden können [13].

Abbildung 4.9 zeigt eine Skizze und ein Foto der großen LIMMCAST-Anlage. Als Modellschmelze wird die Legierung $Sn_{60}Bi_{40}$ eingesetzt, die bei 170 °C flüssig

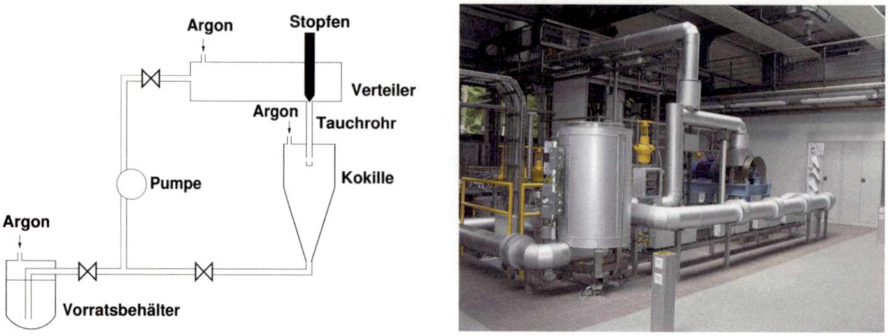

(a) Skizze (b) Foto

Abbildung 4.9: Die LIMMCAST-Anlage

wird [49], was den Betrieb der Anlage in einem Temperaturbereich von 200 bis 400 °C erlaubt. Eine Heizleistung von 200 kW ist an der Berandung des gesamten Leitungssystems installiert, um die entsprechende Arbeitstemperatur zu erhalten. Alle Komponenten mit Kontakt zur Schmelze sind aus Edelstahl gefertigt. Die gesamte Schmelze ist in zwei Gefäßen mit jeweils 250 l Fassungsvermögen aufbewahrt. Für den Betrieb wird die Legierung aufgeschmolzen und mit Argongas in die Anlage gedrückt. Beim Betrieb der Anlage pumpt eine induktive Pumpe das flüssige Metall aus der Kokille in den Verteiler. Von dort aus fließt es durch das Tauchrohr mit einem Innendurchmesser von 54 mm und zwei seitlichen ovalen Öffnungen in die Kokille, die eine rechteckige Grundfläche von 400 mm × 100 mm besitzt. Die Eintauchtiefe der beiden Tauchrohröffnungen in das Schmelzbad in der Kokille beträgt etwa 70 mm. Die Durchflussmenge wird über die vertikale Position des Stopfens gesteuert, wobei automatisch die Höhe des Meniskus in der Kokille konstant gehalten wird.

Als Vorläufer dieser großen Anlage ist ein kleines Modell (Mini-LIMMCAST) aufgebaut worden, das mit der eutektischen Legierung GaInSn betrieben wird. An diesem kleinen Modell wurde die Entwicklung von CIFT für das kontinuierliche Stranggießen durchgeführt, um später mit den gewonnenen Erfahrungen auch CIFT-Messungen an der großen Anlage realisieren zu können. Abbildung 4.10 zeigt eine schematische Zeichnung und ein Foto der Mini-LIMMCAST-Anlage. Ein Edelstahlzylinder mit einem Fassungsvermögen von 3.5 l dient als Modell eines Verteilers. An seinem Boden ist das Tauchrohr montiert, das aus einem Plexiglasrohr mit dem inneren Durchmesser von 10 mm mit zwei seitlichen ovalen Öffnungen mit der vertikalen Höhe von 18 mm besteht. Die Durchflussmenge wird durch die vertikale

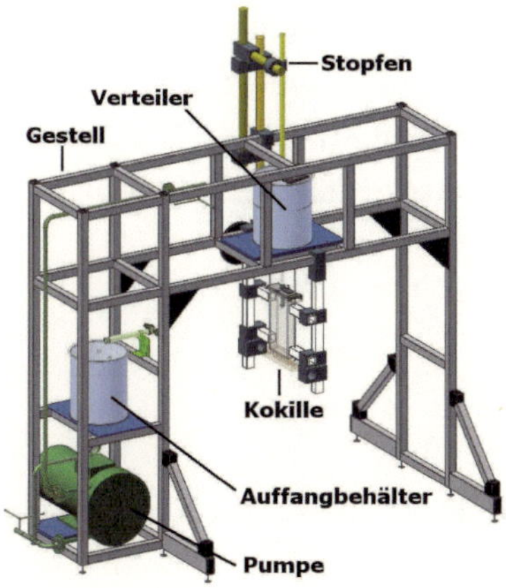

(a) Skizze

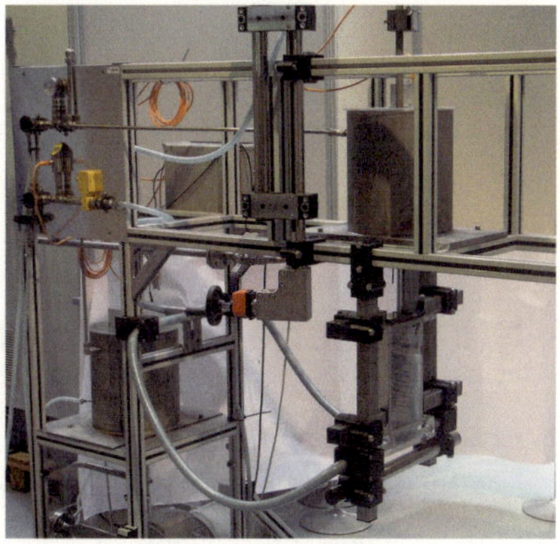

(b) Foto

Abbildung 4.10: Die Mini-LIMMCAST-Anlage

Position des Stopfens kontrolliert. Das Tauchrohr mündet in eine Kokille mit den inneren Abmessungen von 140 mm × 35 mm × 300 mm. Im Gegensatz zu einer realen Stranggießanlage, in der der erstarrende Strang unten aus der Kokille gezogen wird, fließt in diesem Modell das flüssige Metall durch zwei Schläuche und über einen Damm in den Auffangbehälter zurück, von dem das flüssige Metall wieder mit einer induktiven Pumpe in den Verteiler gepumpt werden kann. Die vertikale Position des Damms bestimmt die Höhe des Meniskus. Obwohl dieser Prozess kontinuierlich durchgeführt werden könnte, wurden alle Experimente in einem diskontinuierlichen Modus durchgeführt, d.h. nach Füllen des Verteilers wurde der Stopfen geöffnet und kurz vor der vollständigen Entleerung des Verteilers wieder geschlossen.

Während des Experiments wird die Füllhöhe des Verteilers als auch die Position des Meniskus in der Kokille mit einem Laser bzw. einem Ultraschall-Abstandssensor gemessen. Die Durchflussgeschwindigkeit wird aus der zeitlichen Verringerung der Füllhöhe des Verteilers bestimmt. Zusätzlich wird die Position des Stopfen protokolliert. Für das Experiment mit Gaseinperlung (siehe Kapitel 4.6.1) ist der Stopfen hohl ausgeführt, so dass Gas an der Spitze des Stopfens in das Tauchrohr geblasen werden kann. In der Gaszuleitung ist ein Drucksensor PS001V (Turck Ind. Autom.) eingebaut, der den Druck in der Gaszuführungsleitung misst. Die Gasdurchflussmenge wird in einem Bereich von 50 bis 500 $\mathrm{cm^3\,min^{-1}}$ mit einem Massenstromcontroller (MKS1359C, MKS Instruments) gesteuert. Die Stopfensteuerung erfolgte zuerst manuell über eine Kurbel und ein Gewindestangensystem. Es zeigte sich aber während der Versuchsreihe mit der Zweiphasenströmung (siehe Kapitel 4.6.1), dass dieses System sehr starke Magnetfeldstörungen erzeugte. Daher wurde diese Steuerung durch eine pneumatische Steuerung ersetzt, die keine Störungen bei der Messung erzeugte.

4.4 Numerische Experimente

Als erster Schritt zur Entwicklung von CIFT für das kontinuierliche Stranggießen wurde in einer Simulation der typischen Strömung in der Kokille der Mini-LIMMCAST-Anlage untersucht, ob die dadurch induzierten Magnetfelder außerhalb der Kokille messbar sind. Anschließend wurde basierend auf diesen Daten die Strömung mit CIFT rekonstruiert und die Übereinstimmung der Rekonstruktion mit der vorgegebenen Strömung bestimmt [76].

Dazu wurde zuerst ein Geschwindigkeitsfeld $\mathbf{v}$ der Schmelze im Tauchrohr und in der Kokille mit OpenFOAM mit der erwarteten Durchflussrate von $0.113\,\mathrm{l\,s^{-1}}$ im Experiment simuliert. Da vereinfachend für die stationäre Strömung in der Kokille angenommen werden kann, dass das Geschwindigkeitsfeld sowohl zur yz-Ebene als auch zur xz-Ebene symmetrisch ist, wurde für die Simulation ein Gitter für ein Viertel der Kokille und des Tauchrohrs erzeugt. Aufgrund der hohen Reynolds-Zahl von $\mathrm{Re} \approx 10^4$ wurde das $k-\omega$ SST Turbulenzmodell für die stationäre Rechnung eingesetzt [76]. Eine große Herausforderung ist das Erzeugen des Gitters in der Nähe der Tauchrohrauslässe, da gerade in diesem Bereich die Wände einen großen Einfluss auf die Strömung in der Kokille ausüben. Abbildung 4.11 zeigt die Stromlinien des simulierten Geschwindigkeitsfeldes, das die typische Doppelwirbel-Struktur zeigt.

Für das Brammengießen genügt es nur das zweidimensionale Geschwindigkeitsfeld, das parallel zu den breiten Seiten der Kokille liegt, zu rekonstruieren, da die dominierende Strömung, wie in Kapitel 4.1 in Abbildung 4.5 gezeigt ist, zweidimensional ist und die Geschwindigkeitskomponenten parallel zu den schmalen Seiten der Kokille vernachlässigt werden können. Daher reicht ein einziges Messfeld zur Rekonstruktion des Geschwindigkeitsfeldes aus. Als Messfeld könnte z. B. das horizontale Magnetfeld einer Magnetfeldbremse verwendet werden. Ein vorwiegend vertikal ausgerichtetes Messfeld hat besondere Vorteile: Die Induktion von Wirbelströmen in den oszillierenden Kupferwänden der Kokille, deren Magnetfeld die Messung stören könnte, wird minimiert, da die Wände der Kokille parallel zum Magnetfeld angeordnet sind. Zudem wird der Einfluss der Pegelschwankungen des Meniskus auf die

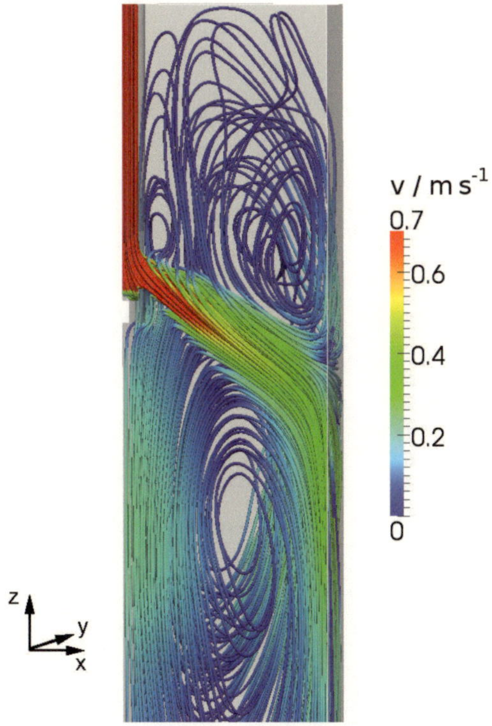

Abbildung 4.11: Stromlinien des stationären Geschwindigkeitsfeldes für ein Viertel der Kokille, simuliert mit OpenFOAM [76]

Messung reduziert, weil sich die Oberfläche des Meniskus ebenfalls vorwiegend parallel zum Messfeld bewegt. Aufgrund der rechteckigen Geometrie der Kokille wurde zur Erzeugung des Messfeldes eine rechteckige Spule gewählt, die um die Kokille montiert wird. Für die erste Simulation des induzierten Magnetfeldes wurde die rechteckige Spule mit einer Windung mit den Abmessungen 250 mm × 150 mm eingesetzt, die äquivalent zu der bei den Messungen an der Anlage montierten Spule ist und ein vertikales Magnetfeld mit der Stärke von 1 mT erzeugt. Als vertikale Position wurde der erwartete Auftreffpunkt des Flüssigmetallstrahls auf die schmale Wand der Kokille gewählt.

Für die Simulation wurde die Geometrie der Kokille und des Tauchrohrs, die in Abbildung 4.12(a) gezeigt ist, für die Vorwärtsrechnung und das inverse Problem zunächst dahingehend vereinfacht, dass für die Berechnung des induzierten Magnetfeldes aus der simulierten Strömung und dem Messfeld das runde Tauchrohr durch einen Kanal mit rechteckigem Querschnitt ersetzt und die Stufe im unteren

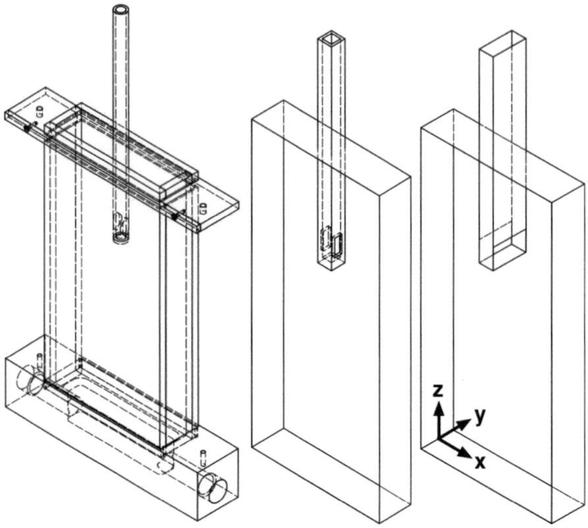

(a) (b) (c)

Abbildung 4.12: Die unterschiedlichen geometrischen Modelle der Kokille: Die im Experiment eingesetzte Kokille (a), die vereinfachte Geometrie für das Vorwärts-Problem (b) und die weiter vereinfachte Kokille (c) für die Rekonstruktion des zweidimensionalen Geschwindigkeitsfeldes

Teil der Kokille weggelassen wurde, wie in Abbildung 4.12(b) zu sehen ist.

Für diese Geometrie wurde mit Hilfe der Gleichung (2.64) das induzierte Magnetfeld berechnet, das in Abbildung 4.13(a) dargestellt ist. Die schwarzen Pfeile in der Kokille zeigen das Geschwindigkeitsfeld, die blauen Pfeile das berechnete induzierte Magnetfeld außerhalb der Kokille und der Farbverlauf an den Wänden das elektrische Potential. Dabei stellte sich heraus, dass das stärkste induzierte Magnetfeld entlang der Schmalseiten der Kokille zu finden ist.

Bevor auf die Wahl der Positionierung der Sensoren eingegangen werden kann, wird zuerst das geometrische Modell für das inverse Problem beschrieben. Da nur eine zweidimensionale Geschwindigkeitsverteilung rekonstruiert werden soll, wurde die Geometrie der Kokille und des Tauchrohrs weiter vereinfacht, indem das Tauchrohr auf die gesamte Breite der Kokille vergrößert wurde, wie in Abbildung 4.12(c) gezeigt ist. Bei der Diskretisierung wurde die Anzahl der Punkte im Volumen so gewählt, dass das Gitter fein genug für die Berechnung der Divergenz (Funktional (3.20)) ist. Es zeigte sich, dass eine Diskretisierung mit $n_x = 19$, $n_y = 3$ und $n_z = 50$ gut für die Rekonstruktion geeignet ist. Die inneren Oberflächen des Tauchrohrs

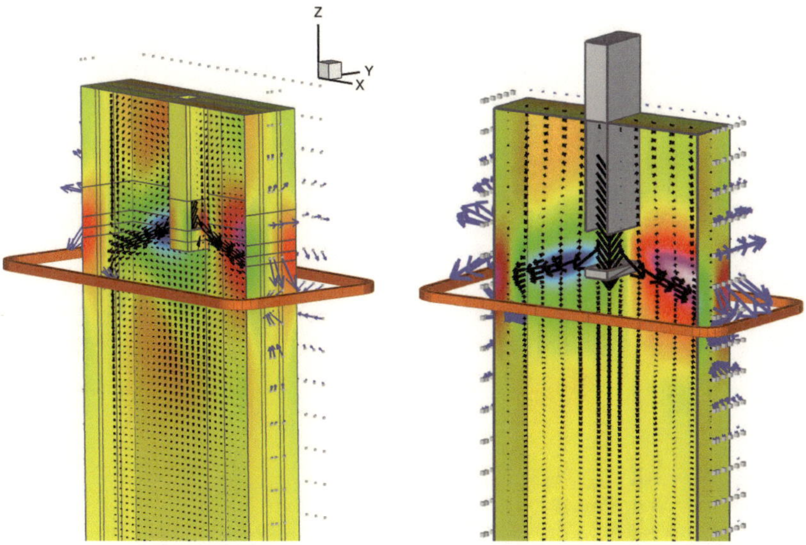

(a) (b)

Abbildung 4.13: Induziertes Magnetfeld und Potentialverteilung an der Kokillenwand, berechnet aus dem in Abbildung 4.11 gezeigten Geschwindigkeitsfeld für die beiden Geometrien aus Abbildung 4.12

wurden bei der Berechnung des Potentials an der Oberfläche weggelassen, was einer Tauchrohrwand mit gleicher Leitfähigkeit wie die der Schmelze entspricht. Da sich auf der Tauchrohrwand nur sehr kleine Potentiale ergeben, ist diese Vereinfachung gerechtfertigt. Zudem wurde die Geschwindigkeit auf den Gitterelementen, die auf der Tauchrohrwand liegen, auf Null gesetzt.

Um zu kontrollieren, ob diese Vereinfachungen für das inverse Problem legitim sind, wurde für diese vereinfachte Geometrie das induzierte Magnetfeld ebenfalls berechnet, das in Abbildung 4.13(b) gezeigt ist. Der Vergleich des induzierten Magnetfeldes in Abbildung 4.13(a) und 4.13(b) zeigt, dass beide Magnetfelder weitgehend identisch sind. Somit ist diese Vereinfachung der Geometrie für das inverse Problem legitim.

Zur Bestimmung der optimalen vertikalen Position der Spule wurde das induzierte Magnetfeld für unterschiedliche Spulenpositionen berechnet und das Maximum des zu messenden induzierten Magnetfeldes entlang der Schmalseite der Kokille bestimmt. Für unterschiedliche Positionen zeigt Abbildung 4.14(a) das Maximum der x-Komponente des induzierten Magnetfeldes entlang der Mitte der Schmalseite der Kokille. Bringt man die Spule auf der Höhe an, an der der Strahl aus dem

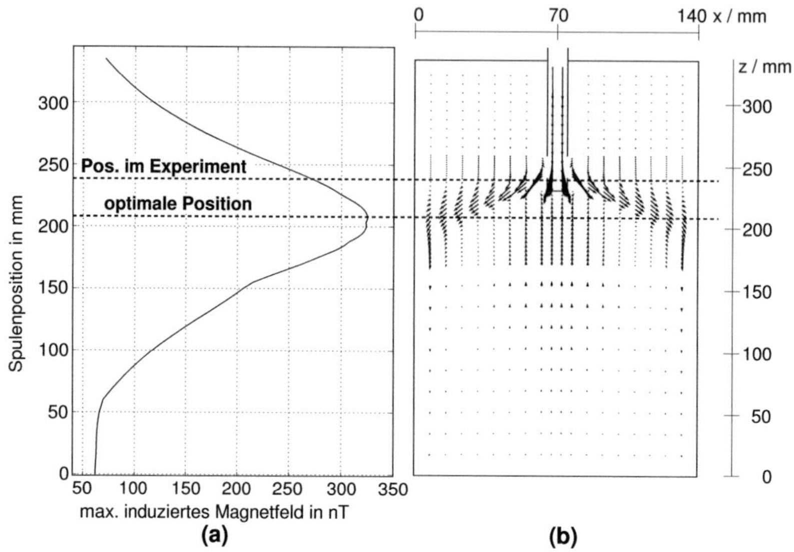

Abbildung 4.14: Berechnung des maximalen induzierten Magnetfeldes für verschiedene vertikale Positionen der Messspule

Tauchrohr auf die Seitenwand trifft ($z \approx 210\,\mathrm{mm}$), wird das stärkste induzierte Magnetfeld erzeugt.

Bevor die Strömung in der Kokille rekonstruiert werden kann, muss zuerst die Anordnung und die Anzahl der Sensoren um die Kokille festgelegt werden. Da das induzierte Magnetfeld am stärksten entlang der Schmalseite der Kokille ist, wurden die Magnetfeldsonden nur entlang der Schmalseite der Kokille platziert. Es wurde auch überprüft, ob zusätzliche Sonden entlang der Breitseite der Kokille die Rekonstruktion verbessern. Dies war jedoch nicht der Fall.

Daher werden 331 Sensoren als erste hypothetische Sensorkonfiguration entlang der schmalen Wand der Kokille platziert, wobei die einzelnen Sonden nur jeweils einen Millimeter voneinander entfernt sind. Diese große Anzahl von Sensoren dient als Referenz für Konfigurationen mit weniger Sensoren, um zu überprüfen, ob sich durch die geringere Anzahl von Sensoren auch die Qualität des rekonstruierten Geschwindigkeitsfeldes verschlechtert. Als mögliche realistische Anzahl von Sensoren wird eine Konfiguration mit acht Sensoren und als Minimalkonfiguration zusätzlich eine Anordnung von 3 Sonden untersucht. Der Abstand der Sensoren zur Schmelze beträgt 20 mm, was dem Abstand der Sonden beim Experiment (siehe Kapitel 4.5) entspricht. Da die Simulation ebenfalls keine signifikante Abhängigkeit des induzierten Magnetfeldes von der y-Position zeigt, wurden die Sensoren in der Mitte

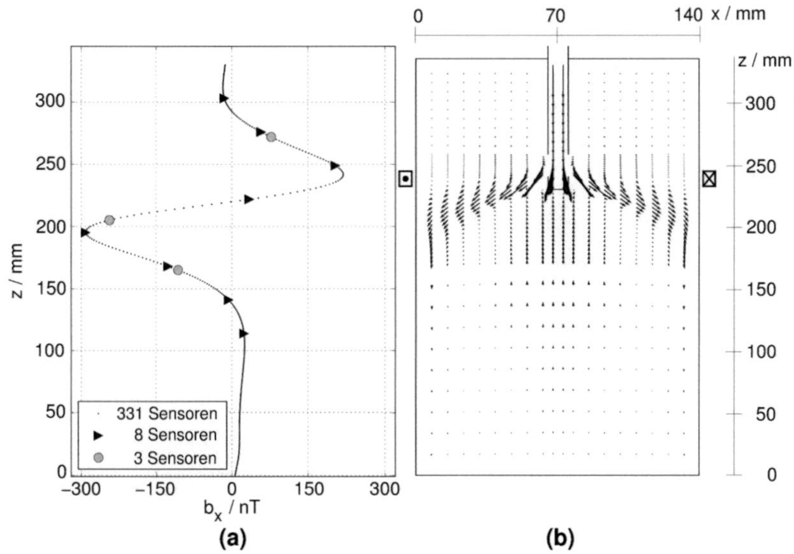

Abbildung 4.15: Das simulierte Geschwindigkeitsfeld in der Kokille mit der Position der Spule (b) und die x-Komponente des induzierten Magnetfeldes in Abhängigkeit von der vertikalen Position (a). Die unterschiedlichen Sensorkonfigurationen mit 331, 8 und 3 Sensoren entlang der Schmalseite der Kokille sind durch unterschiedliche Symbole gekennzeichnet.

der Schmalseite angebracht.

In Abbildung 4.15 sind diese drei Sensorkonfigurationen durch unterschiedliche Symbole zusammen mit der vertikalen Abhängigkeit des induzierten Magnetfeldes $b_x(z)$ dargestellt, das durch die Simulation berechnet wurde. Im Verlauf von $b_x(z)$ ist der Nulldurchgang und ein starker Gradient genau an der Position zu sehen, wo der Strahl aus dem Tauchrohr auf die Kokillenwand auftrifft. Die maximale Größe des induzierten Magnetfeldes ist in der Größenordnung von 100 nT (bei einem Maximum von 300 nT) bei einem angelegten Magnetfeld von 1 mT, was einem Verhältnis von

$$\frac{b}{B_0} = 10^{-4} \tag{4.2}$$

entspricht. Dieses Verhältnis ist um zwei Größenordnungen kleiner als das Verhältnis beim Demonstrationsexperiment (siehe Kapitel 2.4, Gleichung (2.80)). Damit wird klar, dass die CIFT-Methode hohe Anforderungen an die Stabilität und die Genauigkeit des Stromes durch die Messspule als auch an die Messung des induzierten Magnetfeldes stellt.

Unter Verwendung des simulierten induzierten Magnetfeldes $b_x(z)$ entlang beider Schmalseiten der Kokille wird die Strömung durch Minimierung des Funktionals (3.16) für eine zweidimensionale Strömung jeweils für die drei gewählten Sensorkonfigurationen mit 331, 8, und 3 Sensoren rekonstruiert, wobei als Einströmgeschwindigkeit $v_{in} = 1.4\,\mathrm{m\,s^{-1}}$ vorgegeben ist, was der mittleren Geschwindigkeit im Tauchrohr für den gegebenen Durchfluss im später durchgeführten Experiment entspricht. Die rekonstruierten Geschwindigkeitsfelder und das originale Geschwindigkeitsfeld sind in Abbildung 4.16 dargestellt.

Vergleicht man das originale Geschwindigkeitsfeld mit dem rekonstruierten Geschwindigkeitsfeld mit 331 Sensoren, dann erkennt man, dass der aus dem Tauchrohr austretende Strahl, dessen Auftreffpunkt auf die Schmalseiten der Kokille und die sich ergebende Doppelwirbel-Strömungsstruktur relativ gut rekonstruiert werden. Auch der Betrag der Geschwindigkeit des Strahls wird gut wiedergegeben. Deutlich sind jedoch auch die Einschränkungen von CIFT zu erkennen: Aufgrund der Regularisierung ist der Strahl in der Rekonstruktion deutlich breiter. Interessanterweise gibt es fast keine Unterschiede zwischen der Rekonstruktion mit 331 und mit 8 Sensoren, was darauf hindeutet, dass 8 Sensoren für die Rekonstruktion ausreichen und eine höhere Anzahl von Sonden kaum zusätzliche Information bringt. Zudem zeigt sich, dass auch bei nur 3 Sensoren die Region des Strahls aus dem Tauchrohr relativ gut rekonstruiert wird, jedoch in der unteren Region der Kokille zusätzliche Wirbel als Artefakte erzeugt werden. Abbildungen 4.17 bis 4.19 zeigen die L-Kurven der Tikhonov Regularisierung für die drei Sensorkonfigurationen. Wie bereits in Kapitel 2.2 erläutert, ist der beste Regularisierungsparameter nahe der größten Krümmung der L-Kurve gegeben, was durch das Maximum der 2. Ableitung approximiert wird. Für diese Rekonstruktionen kann wie in Kapitel 2.3 die Qualität der Rekonstruktion durch den Korrelationskoeffizienten (Gleichung (2.78)) und den mittleren quadratischen Fehler (Gleichung (2.79)) bestimmt werden, die ebenfalls in den Abbildungen 4.17 bis 4.19 dargestellt sind. Dabei ist klar ersichtlich, dass alle drei Sensorkonfigurationen eine ähnlich gute Korrelation von ca. 0.78 besitzen, die auch nahe bei dem Maximum der 2. Ableitung liegt.

Aus diesen numerischen Vorberechnungen geht eindeutig hervor, dass sich das induzierte Magnetfeld außerhalb der Schmelze in einer messbaren Größenordnung befindet und dass sich aus acht Sensoren an der Schmalseite der Kokille die Strömungsstruktur in der Kokille rekonstruieren lässt. Dies soll durch eine Messung des induzierten Magnetfeldes an der Mini-LIMMCAST Anlage im Folgenden verifiziert werden.

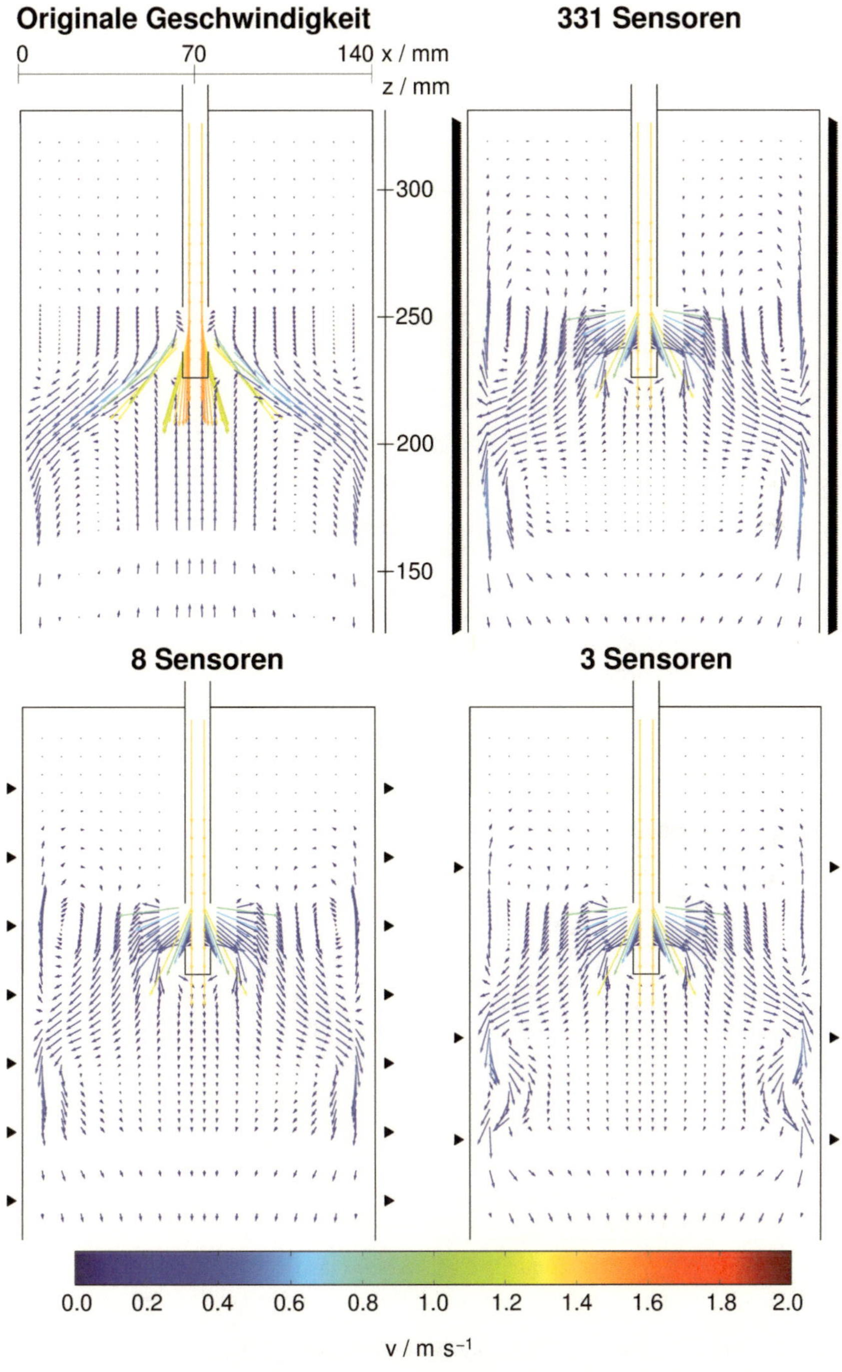

Abbildung 4.16: Vergleich zwischen dem originalen Geschwindigkeitsfeld und dem mit 311, 8 und 3 Sensoren rekonstruierten Geschwindigkeitsfeld. Die Dreiecke an der Schmalseite der Kokille zeigen die Sensorpositionen

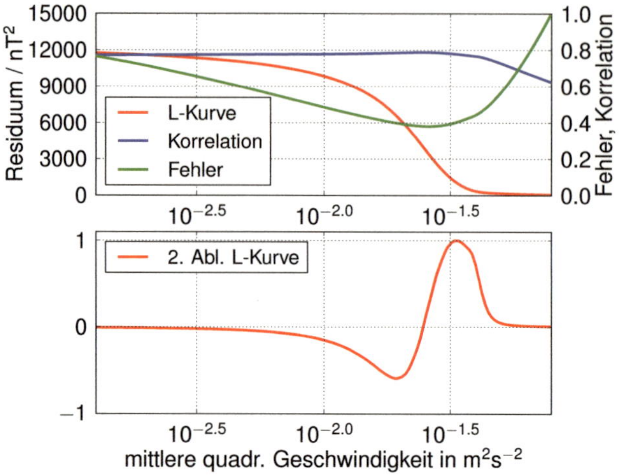

Abbildung 4.17: L-Kurve der Tikhonov Regularisierung, ihre 2. Ableitung, die Korrelation und der quadratische Fehler der Rekonstruktion für 331 Sensoren

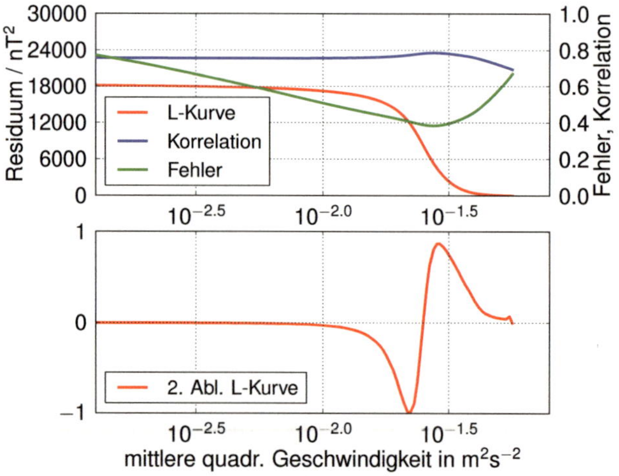

Abbildung 4.18: L-Kurve der Tikhonov Regularisierung, ihre 2. Ableitung, die Korrelation und der quadratische Fehler der Rekonstruktion für acht Sensoren

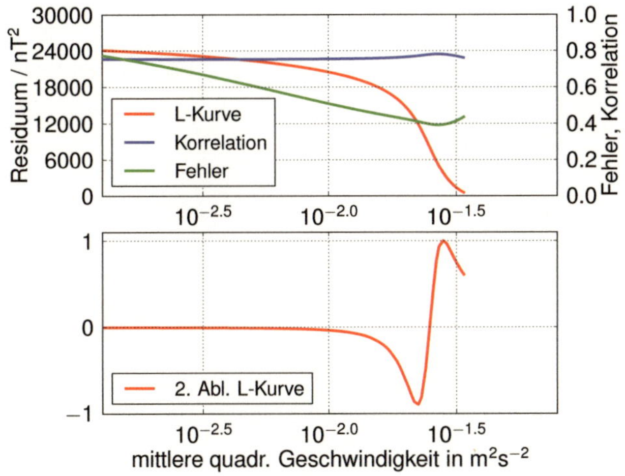

Abbildung 4.19: L-Kurve der Tikhonov Regularisierung, ihre 2. Ableitung, die Korrelation und der quadratische Fehler der Rekonstruktion für drei Sensoren

4.5 Erste Magnetfeldmessungen

Für die erste Messung des induzierten Magnetfeldes wurde eine Spule mit zwei Lagen mit jeweils sieben Windungen aufgebaut und um die Kokille in der Höhe von 240 mm montiert. Die Spule wurde mit 15 A von einer XKW 12-250 (XANTREX) Stromquelle versorgt, die einen besonders stabilen Strom mit Schwankungen in der Größenordnung von 0.1 % liefert. Als Magnetfeldsonde wurde eine Fluxgate-Sonde von Förster verwendet, da eine solche Sonde einen hohen Dynamikbereich von 10^6 nT besitzt und daher die sehr kleinen induzierten Magnetfelder auf dem Hintergrund des 1 mT starken Messfeldes messen kann. Die Sonde wurde direkt an die Spule montiert, um Störungen zu minimieren, die durch Veränderung des relativen Abstandes oder Winkels von Sonde zur Spule entstehen können. Abbildung 4.20 zeigt eine Skizze und ein Foto der Messanordnung am Mini-LIMMCAST Experiment. In einer ersten Reihe von Experimenten wurde ein einziger Fluxgatesensor verwendet, dessen vertikale Position variabel war, um das Magnetfeld entlang der Schmalseite der Kokille an 36 Positionen ausmessen zu können. Für jede Position wurden zwei bis drei Messungen vorgenommen. Um zu garantieren, dass bei jedem Experiment die Strömungsstruktur gleich ist, wurden die Prozessdaten (Stopfenposition, Position des Meniskus und Pegel des Verteilers) aufgezeichnet und auf

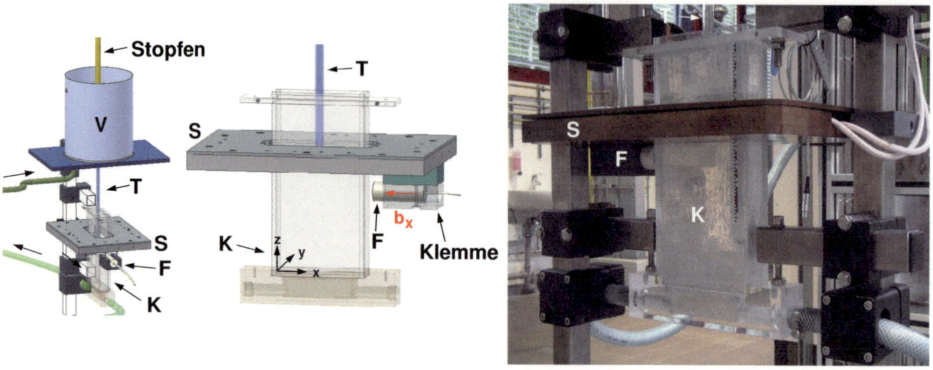

Abbildung 4.20: Skizze und Foto der Kokille (K) mit montierter Magnetfeldspule (S) und festgeklemmtem Fluxgatesensor (F), Tauchrohr (T) und Verteiler (V)

Reproduzierbarkeit überprüft [76].

Abbildung 4.21 zeigt für ein typisches Experiment die Prozessdaten (Stopfenposition, Position des Meniskus und Pegel des Verteilers) (a) und exemplarisch das ungefilterte induzierte Magnetfeld an der Sensorposition 242 mm (b), wobei das Magnetfeld mit 236 Hz abgetastet wurde. Wird der Stopfen zum Zeitpunkt $t \approx 20\,\mathrm{s}$ geöffnet, beginnt das Flüssigmetall in die Kokille zu strömen, so dass sich die Höhe des Füllstandes im Verteiler verringert und die Höhe des Meniskus wächst. Zur gleichen Zeit ändert sich auch das gemessene induzierte Magnetfeld. Nach ungefähr 28 s wurde die Einströmung in das Tauchrohr durch das Senken des Stopfens beendet, wonach das induzierte Magnetfeld wieder auf Null zurück geht. Die starken sichtbaren Fluktuationen des gemessenen Magnetfeldes entstehen hauptsächlich durch das Magnetfeld des Stromnetzes mit der Frequenz von 50 Hz. Daher wurde das Magnetfeld für die weitere Analyse mit einem Besseltiefpassfilter 4. Ordnung mit einer Grenzfrequenz von 1 Hz gefiltert. Abbildung 4.21 (c) zeigt das gefilterte Magnetfeld an der Sensorposition 242 mm und an zwei weiteren vertikalen Positionen. Für die Rekonstruktion des Geschwindigkeitsfeldes in der Kokille wurden die Messwerte des induzierten Magnetfeldes über ungefähr 5 s gemittelt, während die Höhe des Meniskus stabil blieb. Bei der in Abbildung 4.21 gezeigten Messung kann z. B. das Zeitintervall $35\,\mathrm{s} < t < 40\,\mathrm{s}$ für die Mittelung gewählt werden.

Das an 36 unterschiedlichen vertikalen Positionen gemessene induzierte Magnetfeld wird in Abbildung 4.22(a) gezeigt und mit dem berechneten Magnetfeld verglichen. Wie man erkennen kann, gibt es eine sehr gute Übereinstimmung zwischen der Messung und der Simulation.

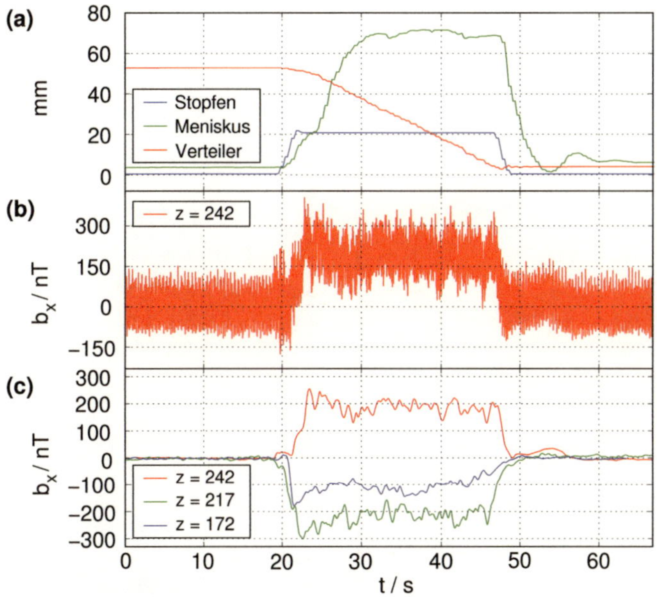

Abbildung 4.21: Prozessdaten (a), das gemessene induzierte Magnetfeld an der Sensorposition $z = 242\,\mathrm{mm}$ (b) und das gefilterte induzierte Magnetfeld (c) an drei ausgewählten vertikalen Positionen: 172 mm, 217 mm und 242 mm

Mit diesen 36 Messdaten wurde das Geschwindigkeitsfeld in der Kokille rekonstruiert. Dabei wurde vereinfachend angenommen, dass die Strömung in der Kokille symmetrisch ist, so dass die gemessenen induzierten Magnetfelder auf die gegenüberliegende Schmalseite gespiegelt werden konnten. Die sich ergebende rekonstruierte Geschwindigkeit ist in Abbildung 4.22(b) gezeigt. Sowohl der Strahl aus dem Tauchrohr als auch der typische Doppelwirbel ist klar erkennbar. In Abbildung 4.23 ist die zugehörige L-Kurve der Tikhonov-Regularisierung und deren 2. Ableitung dargestellt.

Nach diesen erfolgreichen Messungen wurde in einer zweiten Reihe von Experimenten simultan mit jeweils 3 Fluxgatesonden an jeder Schmalseite der Kokille gemessen. Abbildung 4.24 zeigt das induzierte Magnetfeld einer solchen Messung und die Rekonstruktion der Strömung aus diesen 2×3 Sensordaten. Dabei fällt auf, dass sowohl in den Magnetfelddaten als auch im rekonstruierten Geschwindigkeitsfeld eine leichte links-rechts Asymmetrie feststellbar ist. Die gleiche Sensoranordnung wurde nun dazu verwendet, den wichtigen Fall einer asymmetrischen Strömung in der Kokille zu rekonstruieren, der z. B. auftreten kann, wenn eine Öffnung des

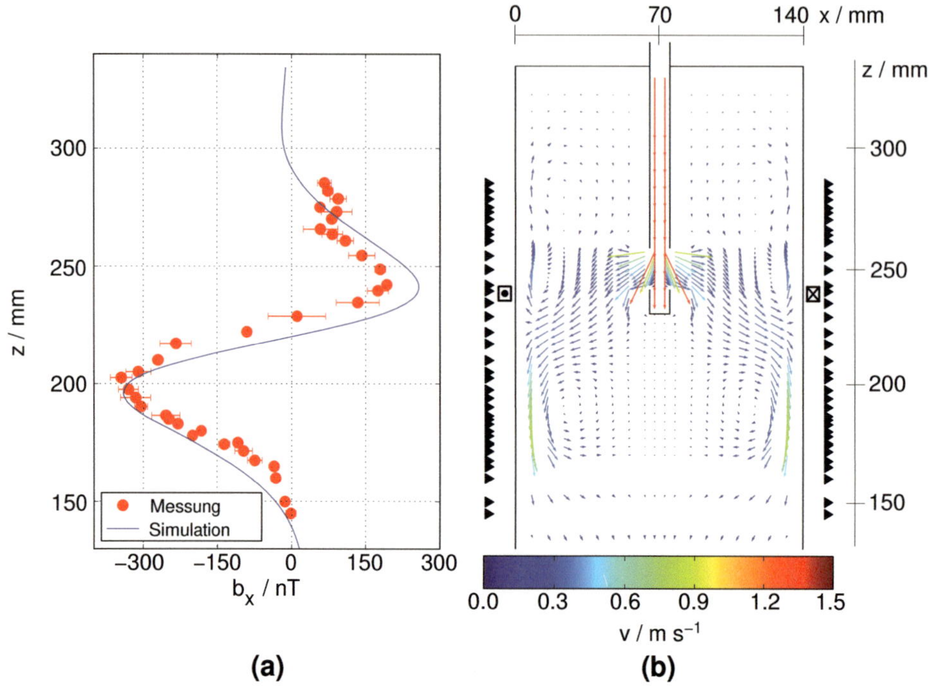

Abbildung 4.22: Vergleich der simulierten und der an 36 Positionen gemessenen induzierten Magnetfeldkomponente b_x (a) und das aus der Messung rekonstruierte Geschwindigkeitsfeld (b)

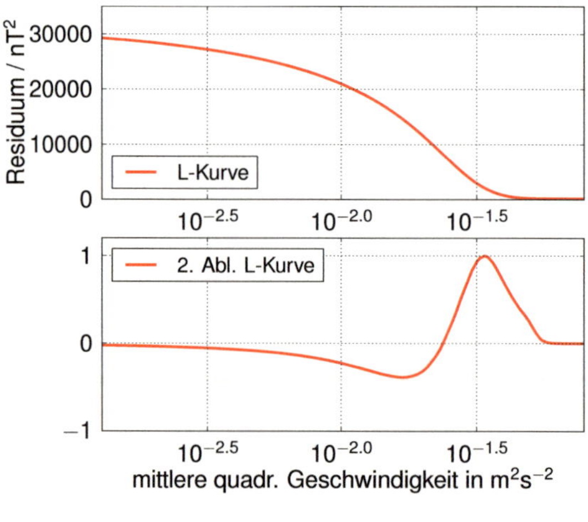

Abbildung 4.23: L-Kurve der Tikhonov Regularisierung und ihre 2. Ableitung für die Messung an 36 Positionen entlang der Schmalseite der Kokille

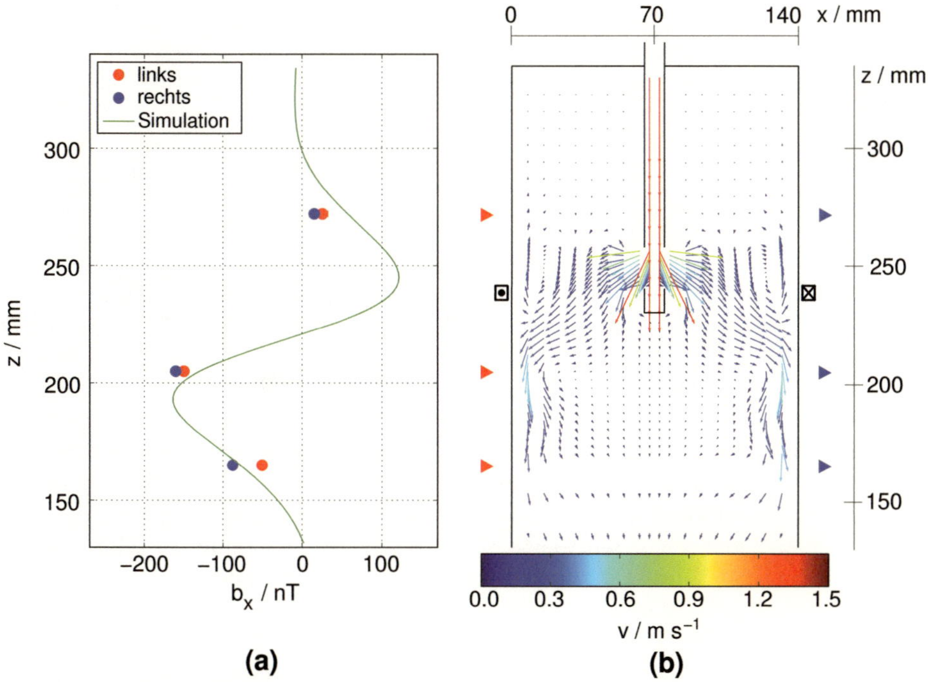

Abbildung 4.24: Rekonstruktion des Geschwindigkeitsfeldes in der Kokille für die gleichzeitige Messung von jeweils drei Sonden entlang beider Schmalseiten der Kokille. Abbildung (a) zeigt das gemessene induzierte Magnetfeld und Abbildung (b) zeigt das aus der Messung rekonstruierte Geschwindigkeitsfeld.

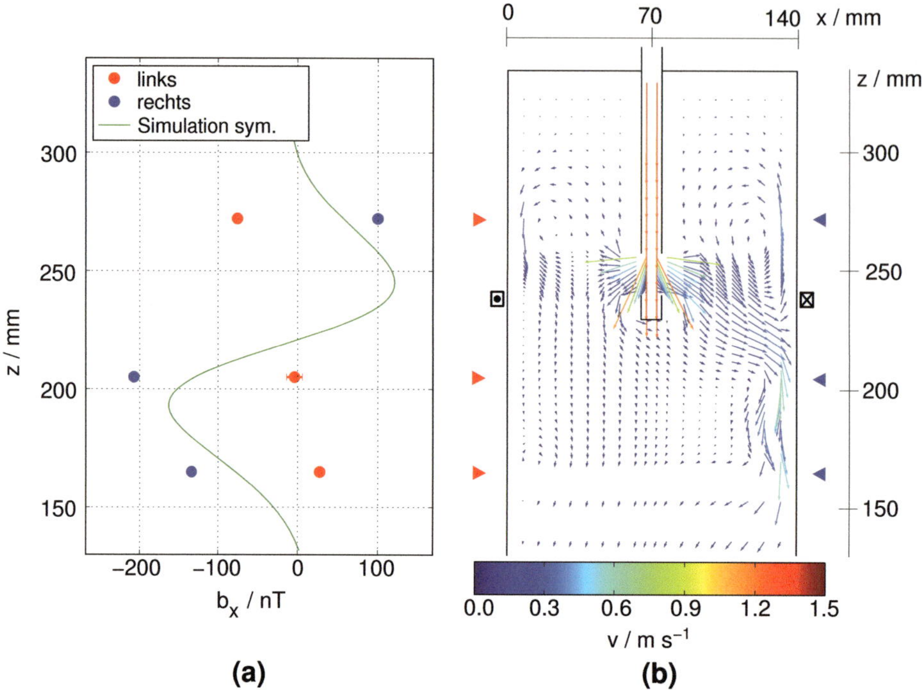

Abbildung 4.25: Rekonstruktion des Geschwindigkeitsfeldes mit der gleichen Sensoranordnung wie in Abbildung 4.24, jedoch mit geschlossener linker Öffnung des Tauchrohrs in der Kokille. Abbildung (a) zeigt das gemessene induzierte Magnetfeld und Abbildung (b) zeigt das aus der Messung rekonstruierte Geschwindigkeitsfeld.

Tauchrohrs verstopft ist. Dafür wurde im Experiment eine Öffnung des Tauchrohrs verschlossen. Abbildung 4.25 zeigt das gemessene induzierte Magnetfeld und die rekonstruierte Geschwindigkeit. Abgesehen von der begrenzten Qualität aufgrund der geringen Sensoranzahl ist klar die Asymmetrie der Strömung erkennbar.

Um abschließend die Qualität der CIFT-Messung zu untersuchen, wurden unabhängige Ultraschall-Doppler Messungen mit einem DOP2000 durchgeführt, das bereits beim Demonstrationsexperiment in Kapitel 2.4 eingesetzt worden war [76]. Dabei wurden UDV-Sonden, die mit 4 MHz betrieben wurden, entlang der Schmalseite der Kokille auf 10 unterschiedlichen Höhen montiert, um die Geschwindigkeit $v_x(x, z, t)$ entlang einer horizontalen Linie zu messen. Das Geschwindigkeitssignal wurde über 10 s gemittelt und mit den mit CIFT rekonstruierten Geschwindigkeiten verglichen. Abbildung 4.26 zeigt für vier ausgewählte Positionen die Ultraschallmessungen, die entsprechen Werte der Simulation und die Ergebnisse von CIFT

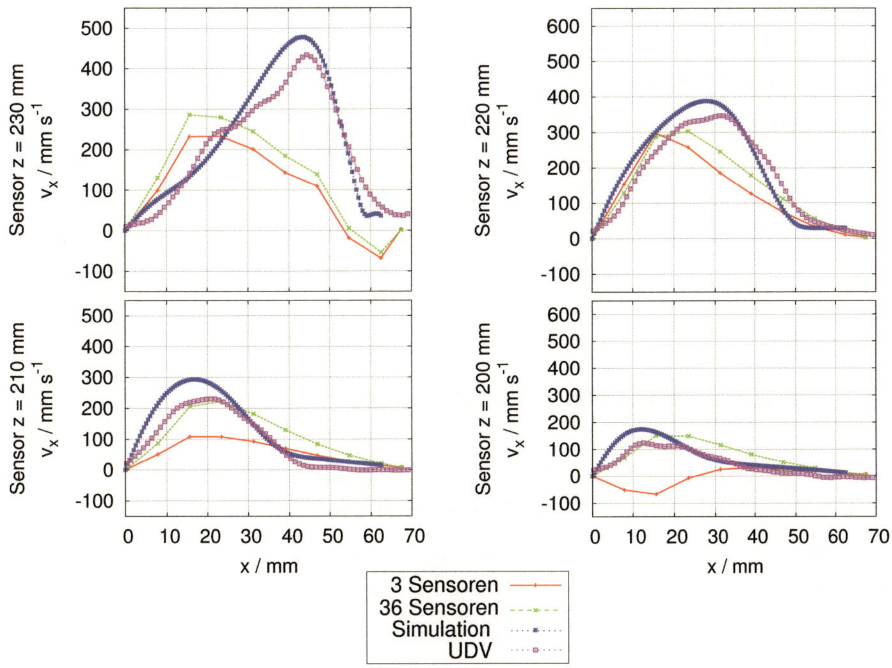

Abbildung 4.26: Vergleich der Geschwindigkeitskomponente v_x an 4 vertikalen Positionen zwischen der Simulation, der UDV-Messung und der CIFT-Messung mit 36 und 3 Sonden entlang der Schmalseite der Kokille

basierend auf den Messungen an 36 Sensorpositionen bzw. mit 3 Sensoren.

Die erste Beobachtung ist, dass die mit CFD simulierten als auch die mit UDV gemessenen Geschwindigkeitsprofile für alle Höhen sehr ähnlich sind. Dies gibt Vertrauen in die Qualität der CFD Simulation und zeigt auch das Potential der UDV-Technik bei einer simultanen Applikation von mehreren Sensoren. Die zweite Beobachtung ist, dass die durch CIFT mit 36 Sensoren rekonstruierten Geschwindigkeitsprofile mit den UDV-Profilen gut übereinstimmen. Die größte Abweichung gibt es für die Höhe $z = 230\,\text{mm}$, bei der das Maximum des mit CIFT rekonstruierten Profils zu nah an der Seitenwand platziert ist. Dies liegt an der Uneindeutigkeit der Rekonstruktion in x-Richtung. Erwartungsgemäß haben die Profile, die aus der Messung mit nur drei Sensoren rekonstruiert wurden, die größten Abweichungen aufgrund der geringen Information über das induzierte Magnetfeld. Dabei stimmen die Profile in den ersten beiden Höhen noch relativ gut mit den Profilen mit 36 Sonden überein, die größte Abweichung dagegen ist auf der Höhe $z = 200\,\text{mm}$ zu sehen, da sich hier sogar das Vorzeichen des Profils ändert. Dies liegt an den kleinen Wirbeln, die als Artefakte unterhalb des Auftreffpunktes des Strahls an der Seitenwand entstehen.

Abbildung 4.27 zeigt die interpolierten Ergebnisse von $v_x(x, z)$ für die Simulation, die UDV- und die CIFT-Messung auf dem Messgebiet der Ultraschallsonden. Man kann eine gute Rekonstruktion der Intensität und des Auftrittspunktes des Strahls erkennen, es sind aber auch Abweichungen der Form des Strahls zu sehen. Dies zeigt die Limitierungen der CIFT-Messung aufgrund der Uneindeutigkeit der Rekonstruktion.

4.6 Messsystem mit 14 Sonden

Aufgrund dieser ermutigenden Ergebnisse wurde ein System mit jeweils 7 Sensoren entlang beider Schmalseiten der Kokille aufgebaut, was der numerisch untersuchten Konfiguration mit 8 Sonden in Kapitel 4.4 nahe kommt. Dazu wurde die Spule neu konstruiert, insbesondere um zusätzlich zur Magnetfeldmessung auch eine simultane UDV-Messung entlang der Schmalseite mit kurzen Sensoren zu ermöglichen.

Abbildung 4.28 zeigt ein Foto der neuen Spule mit bereits montierten Magnetfeldsonden an der Spule. Die Spule besitzt 4×4 Windungen und erzeugt bei einer Stromstärke von 30 A ein vertikales Magnetfeld von ca. 2 mT. Die Sonden können mit Distanzstücken im Abstand von 5 mm und 10 mm zur Schmalseite der Kokille montiert werden. Zur Synchronisierung der Magnetfeldsonden untereinander und mit den Prozessdaten der Mini-LIMMCAST-Anlage ist entlang der Halterung ein kleines Kabel verlegt (nicht sichtbar in Abbildung 4.28), durch das zu Beginn der Messung für 5 s ein konstanter Strom eingeschaltet wird, der als Synchronisierungsimpuls dient.

Die Vorbereitung der Magnetfeldmessdaten für die Rekonstruktion erfolgt nach dem Experiment automatisch. Dabei werden für eine Messung die Magnetfelddaten und die Prozessdaten eingelesen und über den Synchronisierungsimpuls synchronisiert. Anschließend werden die Magnetfelddaten mit einem Besseltiefpass 4. Ordnung mit 10 Hz Grenzfrequenz gefiltert und der Referenzwert für jeden Sensor bestimmt, der sich aus dem Mittelwert der Magnetfelddaten für den Zeitraum von 0 s bis 5 s nach dem Synchronisierungsimpuls ergibt. Anschließend werden für jeden Zeitschritt die Magnetfelddaten, die Höhe des Meniskus und die mittlere Geschwindigkeit im Tauchrohr für die Rekonstruktion als Datei abgelegt. Die Länge eines Zeitschritts kann beliebig eingestellt werden, wobei üblicherweise $\Delta t = 1\,\mathrm{s}$ oder

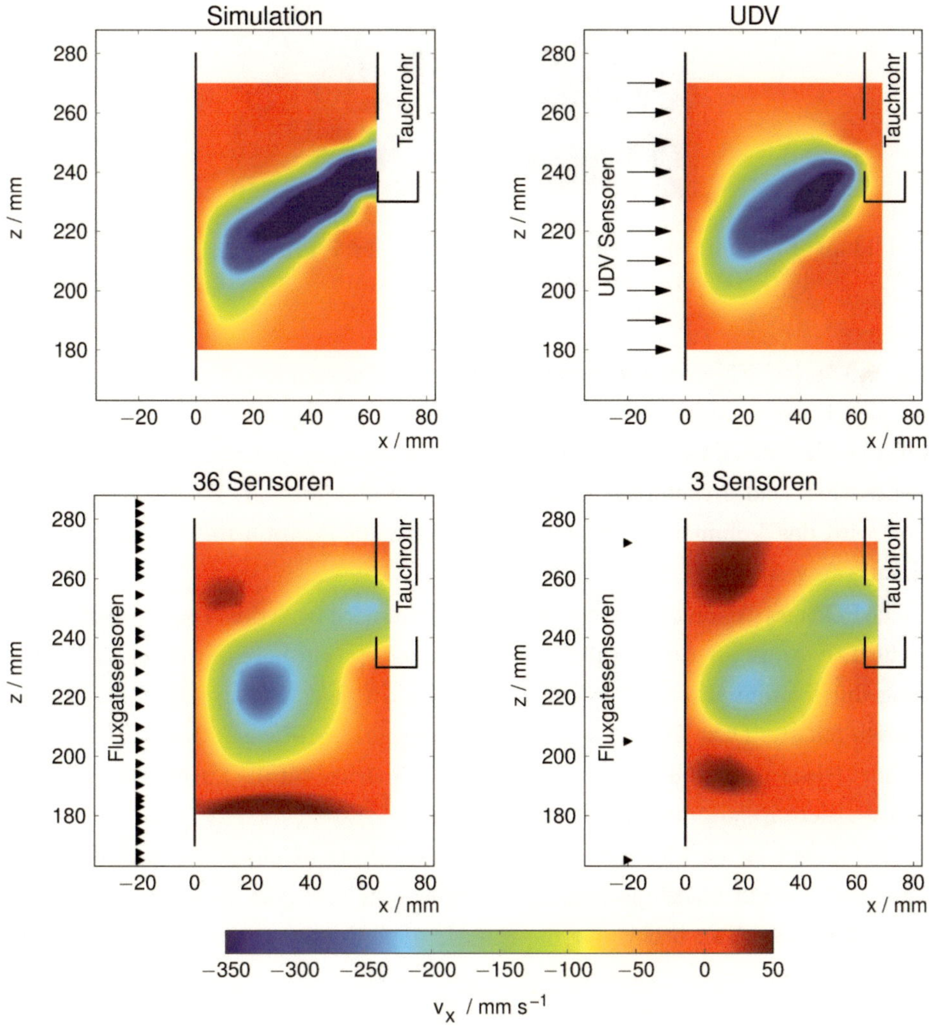

Abbildung 4.27: Vergleich der Geschwindigkeitskomponente $v_x(x, z)$ zwischen der Simulation, der UDV-Messung und der CIFT-Messung mit 36 und 3 Sonden entlang der Schmalseite der Kokille

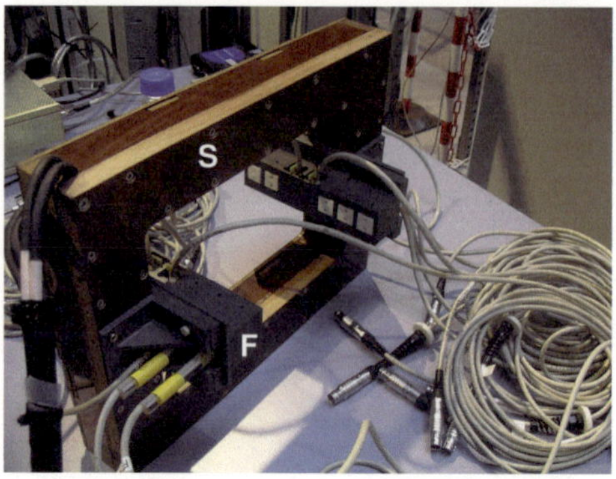

Abbildung 4.28: Foto der neuen Spule (S) und der 7 Fluxgatesonden (F) entlang beider Schmalseiten der Kokille

$\Delta t = 0.5\,\mathrm{s}$ ist. Für jeden Zeitschritt wird die rekonstruierte Geschwindigkeit berechnet. Da sich das Volumen der Schmelze durch Heben und Senken des Meniskus während der Messung um 72 mm verändert, wurden zur korrekten Berechnung des elektrischen Feldes 18 unterschiedlich große Volumina erzeugt. Bei der Rekonstruktion wird das Volumen entsprechend der aktuellen Position des Meniskus in der Kokille ausgewählt.

Die Rekonstruktion des Geschwindigkeitsfeldes wird nach dem Experiment durchgeführt. Es wäre aber auch möglich, die Rekonstruktion bereits während der Messung durchzuführen, wobei jedoch der Zeitbedarf einer Rekonstruktion reduziert werden müsste. Dazu könnte z. B. die Rekonstruktion auf einer Grafikkarte durchgeführt (siehe Kapitel 3.7) oder die Anzahl der Schritte für die Suche des optimalen Regularisierungsparameters reduziert werden.

Mit diesem neuen Messaufbau wurden zwei Versuchsreihen durchgeführt: eine Versuchsreihe mit Gaseinperlung in das Tauchrohr und eine Versuchsreihe mit einem Rührer am Tauchrohr, der die Eindringtiefe des Strahls aus dem Tauchrohr reduzieren soll.

4.6.1 Einblasen von Argon in das Tauchrohr

Wie bereits in der Beschreibung des kontinuierlichen Stranggießens in Kapitel 4 erwähnt, wird meist Argongas in das Tauchrohr eingeblasen, um das Verstopfen des Tauchrohrs zu reduzieren und um Partikel z. B. aus Aluminiumoxid mit den Blasen einzufangen und zum Meniskus zu transportieren. Die entstehende Zweiphasenströmung hat großen Einfluss auf die Strömungsstruktur in der Kokille und

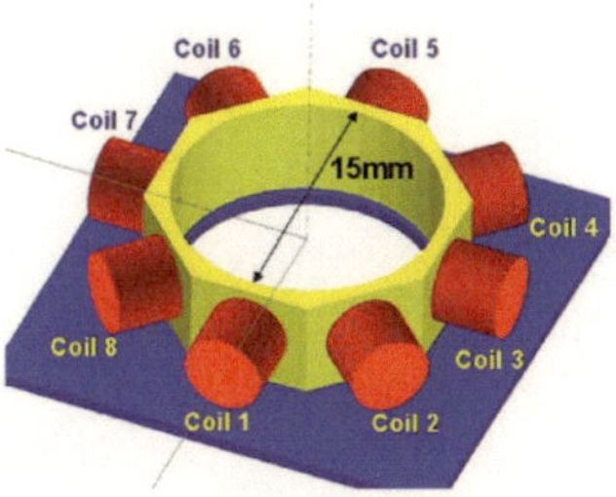

(a) Skizze

(b) Foto

Abbildung 4.29: Der MIT-Sensor [64, 75]

kann z. B. zu einer instabilen Strömung führen, wobei im zeitlichen Verlauf Übergänge zwischen einem Doppelwirbel und einem Einzelwirbel auftreten können, was zum Mitreißen von Schlackepartikeln aus dem Meniskus in die Schmelze oder zur Oszillation des Meniskus führen kann, wie in Kapitel 4.1 beschrieben wurde. All diese Effekte haben eine Reduzierung der Stahlqualität zur Folge. Daher ist eine genaue Kenntnis der durch die Zweiphasenströmung entstehenden Effekte wichtig.

Aus diesen Gründen wurde eine Versuchsreihe durchgeführt, bei der für unterschiedliche Durchflüsse von GaInSn und Argon im Tauchrohr die Strömung in der Kokille mit CIFT gemessen wurde. Zusätzlich wurde in Kooperation mit der Industrial Tomography Gruppe der Universität von Manchester mit der dort entwickelten Mutual Inductance Tomography (MIT) [7, 38, 39, 48, 63, 64] die Verteilung von Gas/Argon im Tauchrohr bestimmt. Bei diesen Experimenten stand die gleichzeitige Anwendung beider elektromagnetischer Visualisierungstechniken im Vordergrund, um die unvorhersehbaren und unregelmäßigen Zweiphasenströmungsphänomene beim kontinuierlichen Stranggießen untersuchen zu können [75].

Die Mutual Inductance Tomography misst die Leitfähigkeitsverteilung in einem Querschnitt des Tauchrohrs. So kann zwischen Gasblasen und flüssigem Metall in diesem Querschnitt unterschieden werden. Abbildung 4.29 zeigt den schematischen Aufbau und ein Foto des eingesetzten Sensors. Der Sensor basiert auf dem Prinzip der Induktion: Auf einem Ring um das Tauchrohr sind 8 Spulen angeordnet. Als erstes agiert Spule 1 als Erregerspule, indem sie mit Wechselstrom gespeist wird und somit ein Primärfeld erzeugt, das Wirbelströme im flüssigen Metall im Tauchrohr induziert. Diese Wirbelströme induzieren wiederum ein sekundäres Wechselfeld, das durch die anderen 7 Empfängerspulen (Spulen 2-8) detektiert wird. Da dieses Sekundärfeld von der Leitfähigkeit des Materials abhängt, sind die in den Spulen induzierten Spannungen ebenso abhängig von der Leitfähigkeitsverteilung. Um ein

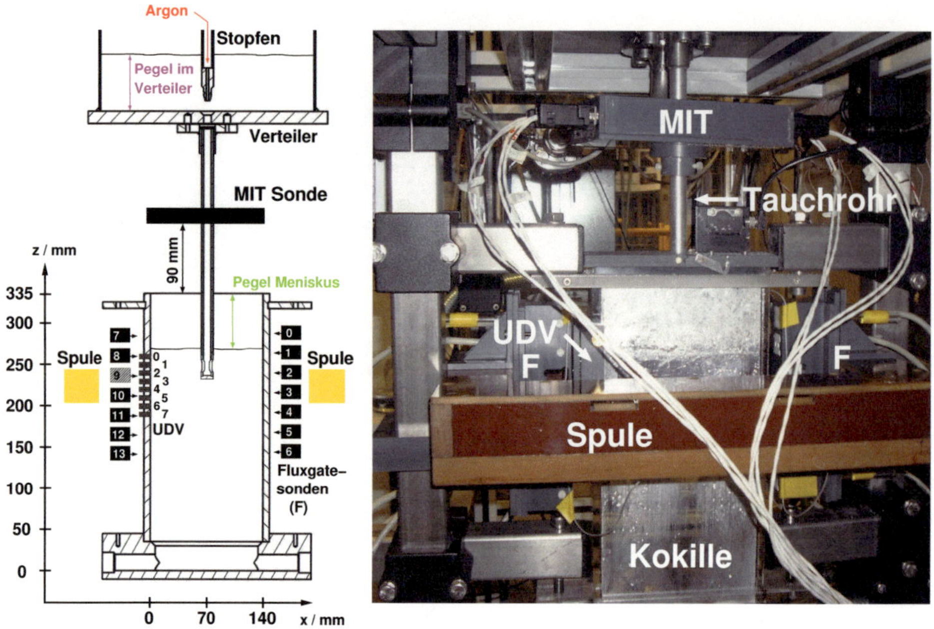

Abbildung 4.30: Skizze und Foto des Tauchrohrs und der Kokille mit der MIT-Sonde, der Spule, den Fluxgatesonden für CIFT und den Ultraschallsonden

vollständiges Bild der Leitfähigkeitsverteilung im Tauchrohr zu erhalten, müssen auch jeweils die Spulen 2-7 als Sendespule agieren, was insgesamt $7 \cdot 8/2 = 28$ unabhängige Messwerte ergibt. Das aktuell verwendete System arbeitet mit 40 kHz Sendefrequenz und hat eine Bildrate von 20-40 Bildern pro Sekunde. In den Publikationen von Terzija et. al. [63, 64] sind weitere Details über die Anwendung der Messtechnik an der Mini-LIMMCAST-Anlage und über die Detektion von großen und kleinen Blasen im Tauchrohr zu finden.

Die Anordnung der MIT-Sonde, der Magnetfeldsonden und der Magnetfeldspule für CIFT ist in Abbildung 4.30 gezeigt. Der MIT-Sensor wurde auf der Höhe von 90 mm über der oberen Kante der Kokille montiert. An beiden Seiten der Kokille wurden jeweils 7 Sonden angebracht. Aufgrund eines technischen Defekts war der 9. Sensor auf der linken Seite der Kokille nicht einsatzbereit, so dass auf der linken Seite nur 6 Sonden für die Messung zur Verfügung standen.

In dieser Versuchsreihe wurden 78 Messungen mit unterschiedlichem Gasdurchfluss und unterschiedlichem Stopfenhub durchgeführt. Abbildung 4.31 zeigt eine Übersicht der gemessenen Parameterkombinationen, wobei die Zahl neben den

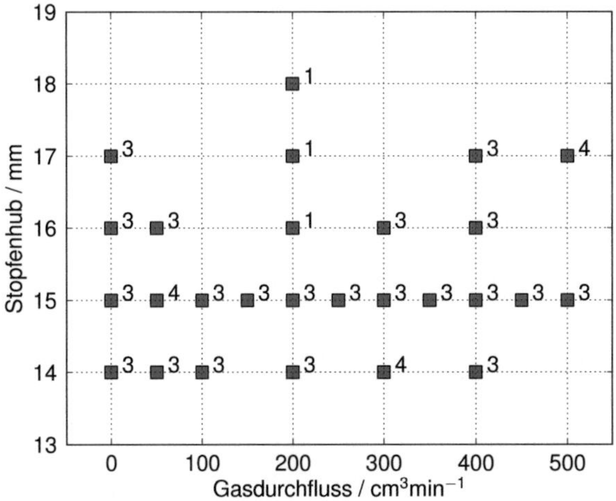

Abbildung 4.31: Übersicht über das Parameterfeld der Versuchsreihe mit Argongaseinperlung, die Zahl an jedem Datenpunkt gibt die Anzahl der Experimente an, die mit dieser Parameterkonfiguration durchgeführt wurden

Punkten die Anzahl der durchgeführten Experimente für diese Parameterkonfiguration angibt.

Schon während der Messung zeigte sich, dass sich für den Stopfenhub von 15 mm die interessanteste Zweiphasendynamik einstellte. Daher werden in diesem Kapitel nur die Messergebnisse der Messreihe mit Stopfenhöhe 15 mm und unterschiedlichem Gasdurchfluss untersucht. Abbildungen 4.32 und 4.33 zeigen die Messergebnisse für den einfachsten Fall ohne Argoneinperlung. In Abbildung 4.32(a) sind die Prozessparameter der Mini-LIMMCAST-Anlage dargestellt: Die Position des Meniskus, gemessen von der Oberkante der Kokille, der Pegel im Verteiler, die Position des Stopfens und der Druck im Gas-System. Nachdem der Stopfen um 15 mm angehoben wurde, ist ein vorwiegend linearer Abfall des Pegels im Verteiler zu sehen. Der Pegel in der Kokille steigt langsam über die Zeit von 15 Sekunden an und bleibt dann während der restlichen 30 Sekunden konstant. Der negative Druck hat die Ursache im Saugeffekt der nach unten fallenden Schmelze. Abbildung 4.32(b) zeigt die Verteilung von Schmelze und Argon über die Zeit im Tauchrohr, wie sie mit MIT rekonstruiert wurde. Abgesehen von den Effekten beim Start des Experiments ist das Tauchrohr, wie zu erwarten war, vollständig mit Schmelze gefüllt.

Die Abbildungen 4.32(c)-(f) stellen die Zeitabhängigkeit von einigen Geschwin-

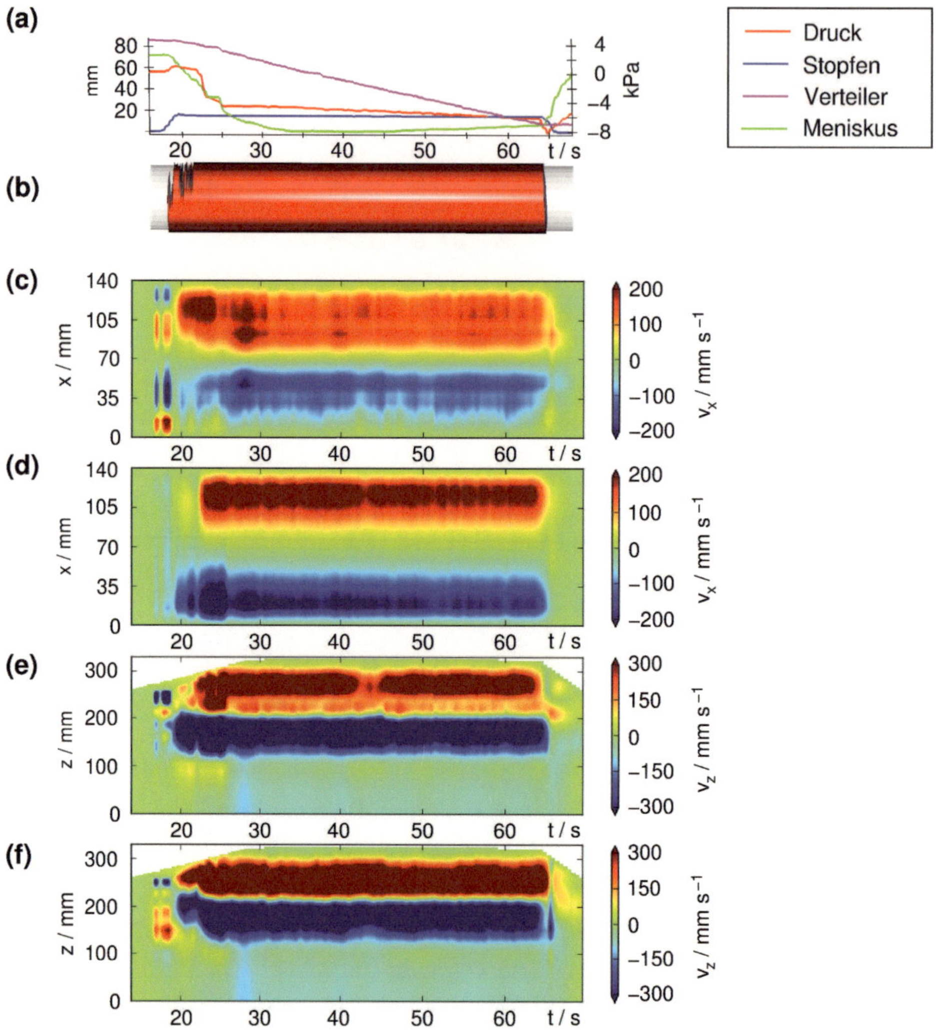

Abbildung 4.32: Ergebnisse von MIT und CIFT für ein Experiment ohne Argoneinperlung: die Prozessparameter (a); die GaInSn/Argon Verteilung im Tauchrohr über die Zeit (b); die von CIFT rekonstruierte Geschwindigkeitskomponente $v_x(t,x)$ an der vertikalen Position $z = 240\,\mathrm{mm}$ (c) und $z = 210\,\mathrm{mm}$ (d); die von CIFT rekonstruierte Geschwindigkeitskomponente $v_z(t,z)$ an der horizontalen Position $x = 7\,\mathrm{mm}$ (e) und $x = 133\,\mathrm{mm}$ (f)

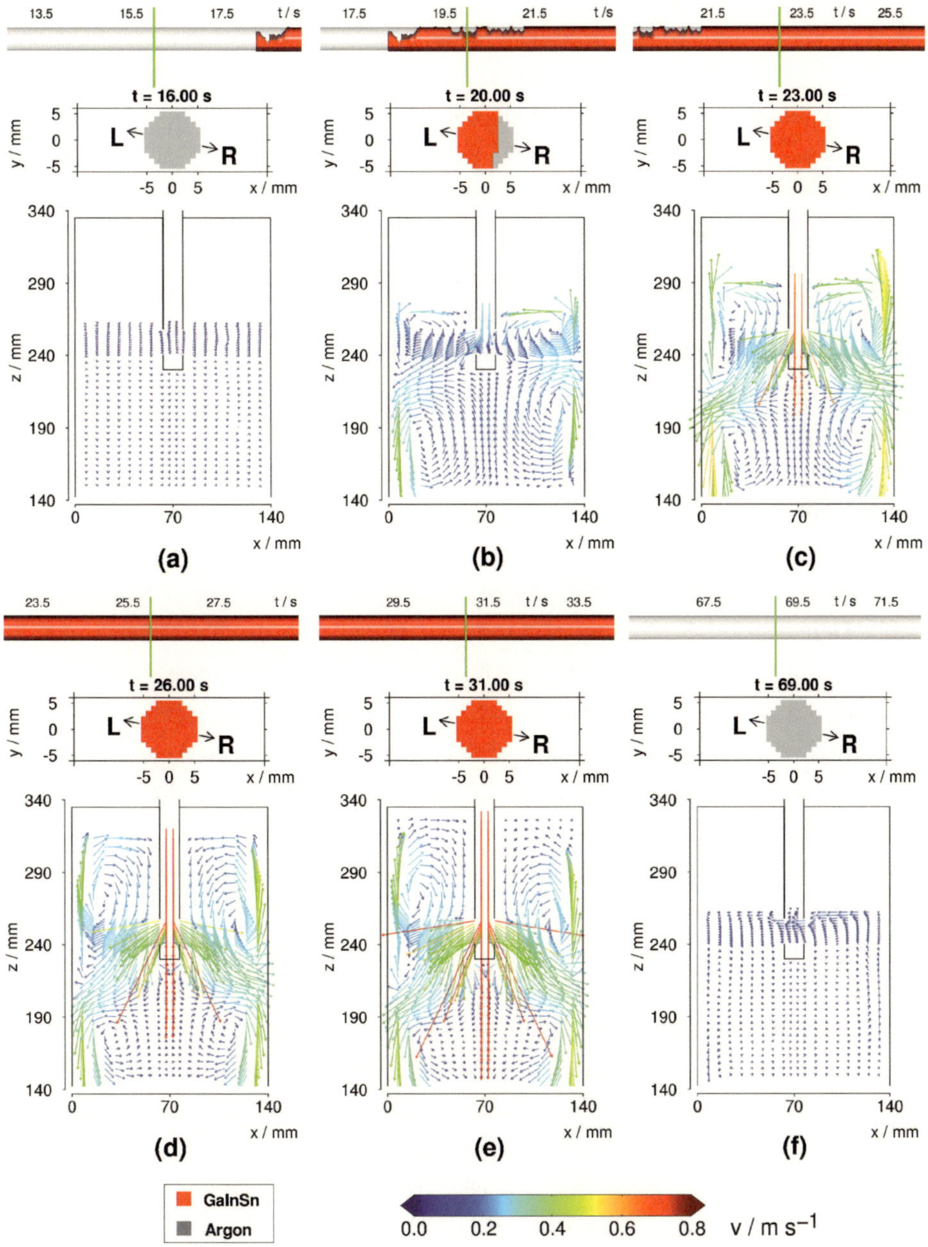

Abbildung 4.33: Die GaInSn/Argon Verteilung im Tauchrohr und das von CIFT rekonstruierte Geschwindigkeitsfeld in der Kokille für 6 ausgewählte Zeitpunkte für das in Abbildung 4.32 gezeigte Experiment ohne Argongaseinperlung

digkeitskomponenten dar, wie sie von CIFT rekonstruiert wurden. Abbildungen 4.32(c) und (d) zeigen die horizontale Geschwindigkeitskomponente $v_x(t, x)$ auf zwei unterschiedlichen Höhen $z = 240\,\mathrm{mm}$ und $z = 210\,\mathrm{mm}$ und die Abbildungen 4.32(e) und (f) zeigen die vertikale Geschwindigkeitskomponente $v_z(t, z)$ an den Positionen $x = 7\,\mathrm{mm}$ und $x = 143\,\mathrm{mm}$, die direkt an der Wand der beiden Schmalseiten der Kokille liegen. Zusätzlich zu diesem generellen Überblick zeigen die Abbildungen 4.33(a)-(f) Details des Experiments zu 6 unterschiedlichen Zeitpunkten. Für jeden Zeitpunkt ist im oberen Teil der Abbildung jeweils ein fünfsekündiger Ausschnitt der GaInSn/Argon Verteilung im Tauchrohr aus Abbildung 4.32(b) dargestellt. Im mittleren Teil der Abbildung ist der Querschnitt des Tauchrohrs mit der tatsächlichen Verteilung von Schmelze und Gas für diesen Zeitpunkt gezeigt, der durch die senkrechte Linie in dem fünf Sekunden langen Ausschnitt gekennzeichnet ist. Die von CIFT rekonstruierte Geschwindigkeitsstruktur ist im unteren Teil der Abbildung dargestellt. Die Abbildungen 4.33(a)-(c) zeigen den Füllprozess mit einem leeren und halb gefüllten Tauchrohr zum Start und das Anwachsen des Pegels in der Kokille. Die Abbildungen 4.33(d)-(e) zeigen, dass in der Kokille eine über die Zeit stabile Doppelwirbel-Strömungsstruktur entsteht und dass das Tauchrohr ebenfalls durchweg mit Flüssigmetall gefüllt ist. Durch die hohe Durchflussmenge von GaInSn stellt sich ein hoher Pegel in der Kokille ein. Man kann auch eine leichte links-rechts Asymmetrie der Strömung erkennen, die aber möglicherweise ein Artefakt der Rekonstruktion ist, der auf das Fehlen des defekten 9. Fluxgatesensors auf der linken Seite zurückzuführen ist.

Dieses sehr reguläre Verhalten ändert sich, sobald durch das Loch in der Stopfenspitze eine Durchflussmenge von $50\,\mathrm{cm}^3\,\mathrm{min}^{-1}$ Argon eingestellt wird. Für diesen Fall zeigt Abbildung 4.34(a) eine Anzahl von sägezahnartigen Druckoszillationen mit einer Periodendauer von ca. 10 Sekunden. Diese Oszillationen haben die Ursache in der Ausbildung und dem Wachsen von Argonblasen im Tauchrohr. Diese wachsenden Blasen blockieren den Fluss der Schmelze durch die seitlichen Öffnungen des Tauchrohrs in die Kokille. Dabei wird auch der Saugdruck etwas vermindert, gleichzeitig sinkt der Pegel in der Kokille infolge des reduzierten Flüssigmetallnachflusses leicht ab. Hat die Blase ihre kritische Größe erreicht, wird sie aus dem Tauchrohr in die Kokille gedrückt und steigt zum Meniskus auf. Als Konsequenz dieses plötzlichen Austretens der Blase ist das Tauchrohr wieder vollständig mit GaInSn gefüllt, der Saugdruck steigt wieder und die nächste Argonblase beginnt zu wachsen. Trotz dieses Verhaltens, das einer Relaxations-Oszillation entspricht, zeigen Abbildungen 4.35(a)-(f) ein nahezu reguläres Strömungsverhalten in der Kokille mit einem deutlich ausgeprägten und symmetrischen Doppelwirbel.

Bei weiterer Erhöhung der Argon Durchflussmenge wird die Strömung immer irregulärer. Abbildungen 4.36 und 4.37 zeigen die Messung für eine Argon Durchflussmenge von 300 $cm^3 min^{-1}$. Am Anfang, zwischen 26 und 32 Sekunden, ist das Tauchrohr vollständig gefüllt, wie man in Abbildung 4.36(b) erkennen kann. Anschließend bildet sich auf der einen Seite ein Strang aus flüssigem Metall, während der Rest des Tauchrohrs mit Gas gefüllt ist. Interessanterweise ist die Position dieses Stranges in jedem Experiment, auch mit höheren Gasdurchflussmengen, gleich. Nur für sehr kurze Momente ist eine vollständige Füllung des Tauchrohrs mit Flüssigmetall zu erkennen, die zu kurzen Anstiegen des Saugdrucks in der Gaszuführung führt. Es ist bemerkenswert, dass die globale Strömungsstruktur wie auch die Position des Strahls aus dem Tauchrohr weiterhin stabil bleiben, wohingegen es zu starken Fluktuationen in der Intensität der Strömung kommt. Im Zeitintervall zwischen 40 s und 60 s lassen sich diese Fluktuationen klar in den Geschwindigkeitskomponenten $v_x(t,x)$ und $v_z(t,z)$ (Abbildungen 4.36(c)-(f)) erkennen. Mit einer direkten Zuordnung der Strömungsstruktur in der Kokille zur Verteilung der Schmelze im Tauchrohr muss man sehr vorsichtig sein, da die MIT-Sonde 180 mm über den seitlichen Öffnungen des Tauchrohrs angebracht ist. Bei einigen Experimenten war durch das Plexiglas-Tauchrohr erkennbar, dass sich die Position des einseitigen Flüssigmetallstroms durchaus auf dem Weg vom Sensor zu den Öffnungen des Tauchrohrs verdrehen kann. Daher kann eine direkte Korrelation zwischen der Position des GaInSn auf der Höhe des MIT-Sensors und der Geschwindigkeitsverteilung in der Kokille nicht angenommen werden.

Eine signifikante Änderung des Strömungsregimes in der Kokille tritt erstmalig bei einer weiteren Erhöhung der Gasdurchflussmenge auf 450 $cm^3 min^{-1}$ auf, wie in den Abbildungen 4.38 und 4.39 gezeigt ist. Zu Beginn des Experiments gibt es bis zum Zeitpunkt $t = 44$ s eine längere Periode, bei der das Tauchrohr vollständig gefüllt ist. Dies könnte damit zusammenhängen, dass aufgrund der Benetzungsbedingungen am Stopfen das Gas über den Verteiler entwichen ist, anstatt durch das Tauchrohr zu strömen. Anschließend tritt ein einseitiger Flüssigmetallstrang im Tauchrohr auf. Am Ende des Experiments ist das Tauchrohr wieder vollständig gefüllt, aber es entsteht eine Einzelwirbel-Strömungsstruktur auf der rechten Seite der Kokille, wie man in Abbildung 4.39(e) erkennen kann.

Für die im Experiment maximal mögliche Durchflussmenge von 500 $cm^3 min^{-1}$ Argon zeigen Abbildungen 4.40 und 4.41 mehrere Übergänge zwischen unterschiedlichen Strömungsstrukturen, inklusive eines Einzelwirbels und eines asymmetrischen Ausflusses aus den seitlichen Öffnungen des Tauchrohrs. Nach Start des Experiments entsteht die typische Doppelwirbel Struktur (Abbildung 4.41(a)-(b)), die

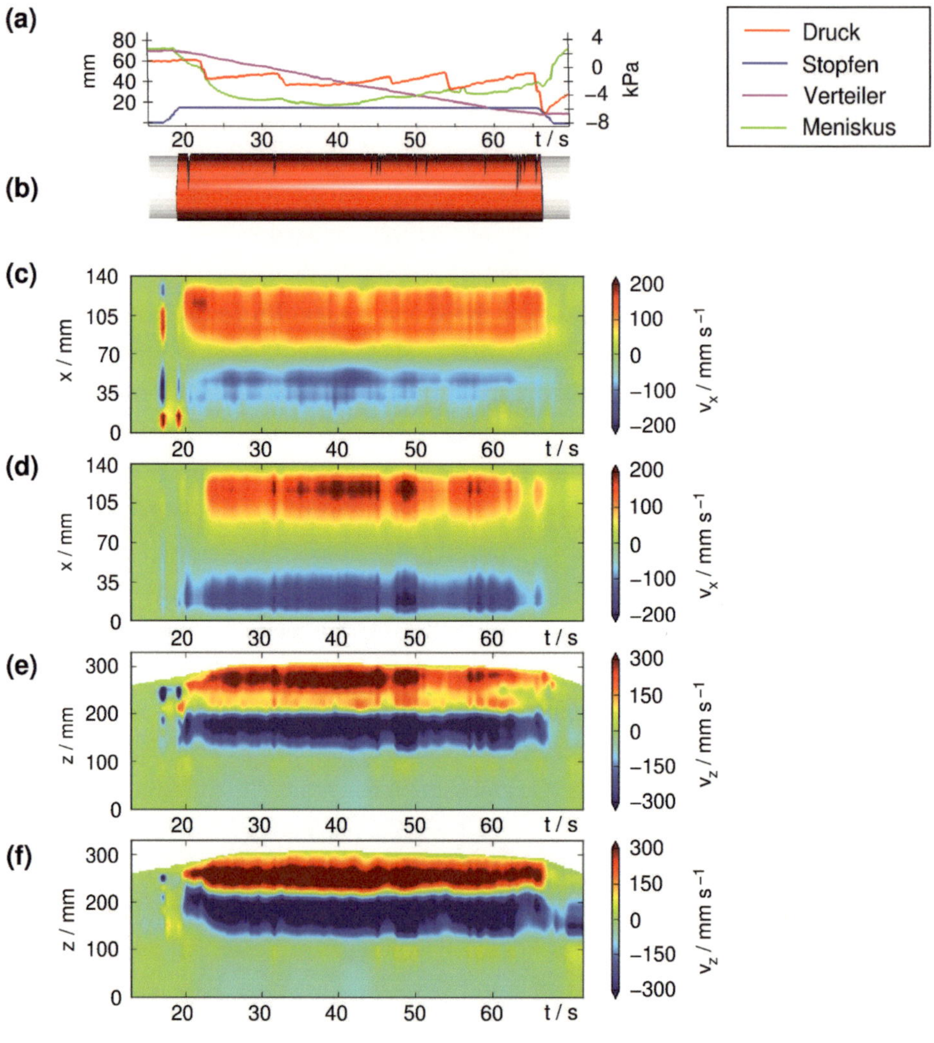

Abbildung 4.34: Ergebnisse von MIT und CIFT für ein Experiment mit $50\,\mathrm{cm^3\,min^{-1}}$ Argongas Durchflussrate; gleiche Anordnung der Diagramme wie in Abbildung 4.32

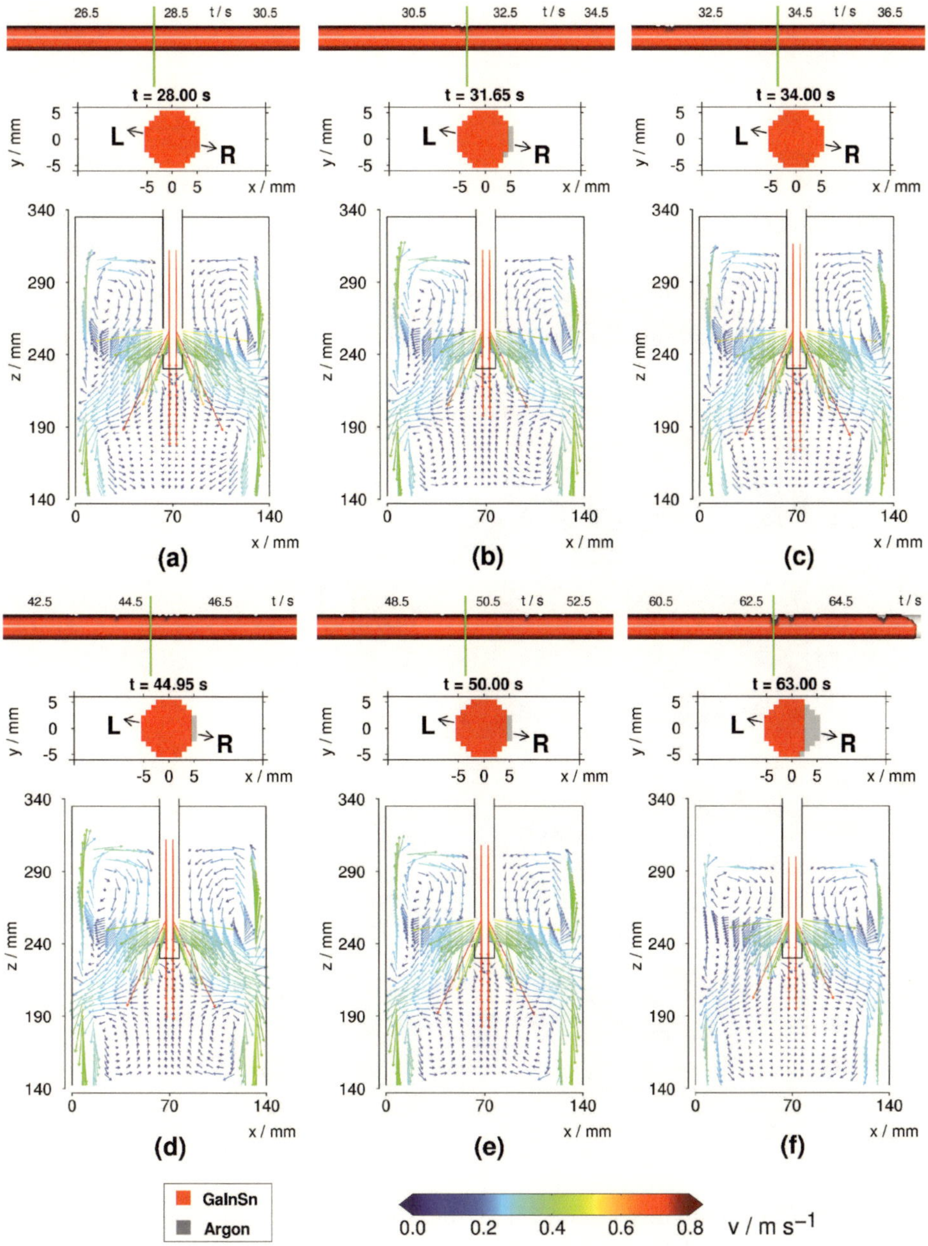

Abbildung 4.35: Die GaInSn/Argon Verteilung im Tauchrohr und das von CIFT rekonstruierte Geschwindigkeitsfeld in der Kokille für 6 ausgewählte Zeitpunkte für das in Abbildung 4.34 gezeigte Experiment mit $50\,\mathrm{cm}^3\,\mathrm{min}^{-1}$ Argongas Durchflussrate

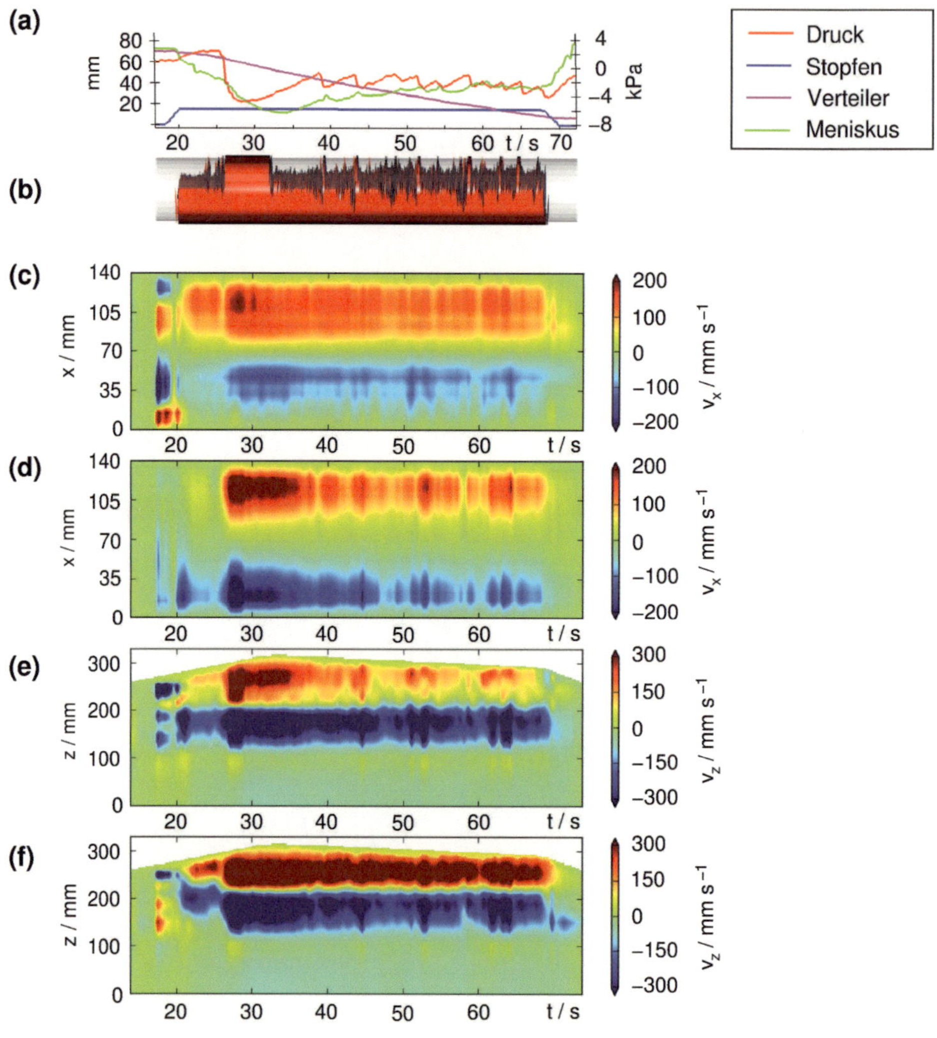

Abbildung 4.36: Ergebnisse von MIT und CIFT für ein Experiment mit $300\,\mathrm{cm^3\,min^{-1}}$ Argongas Durchflussrate; gleiche Anordnung der Diagramme wie in Abbildung 4.32

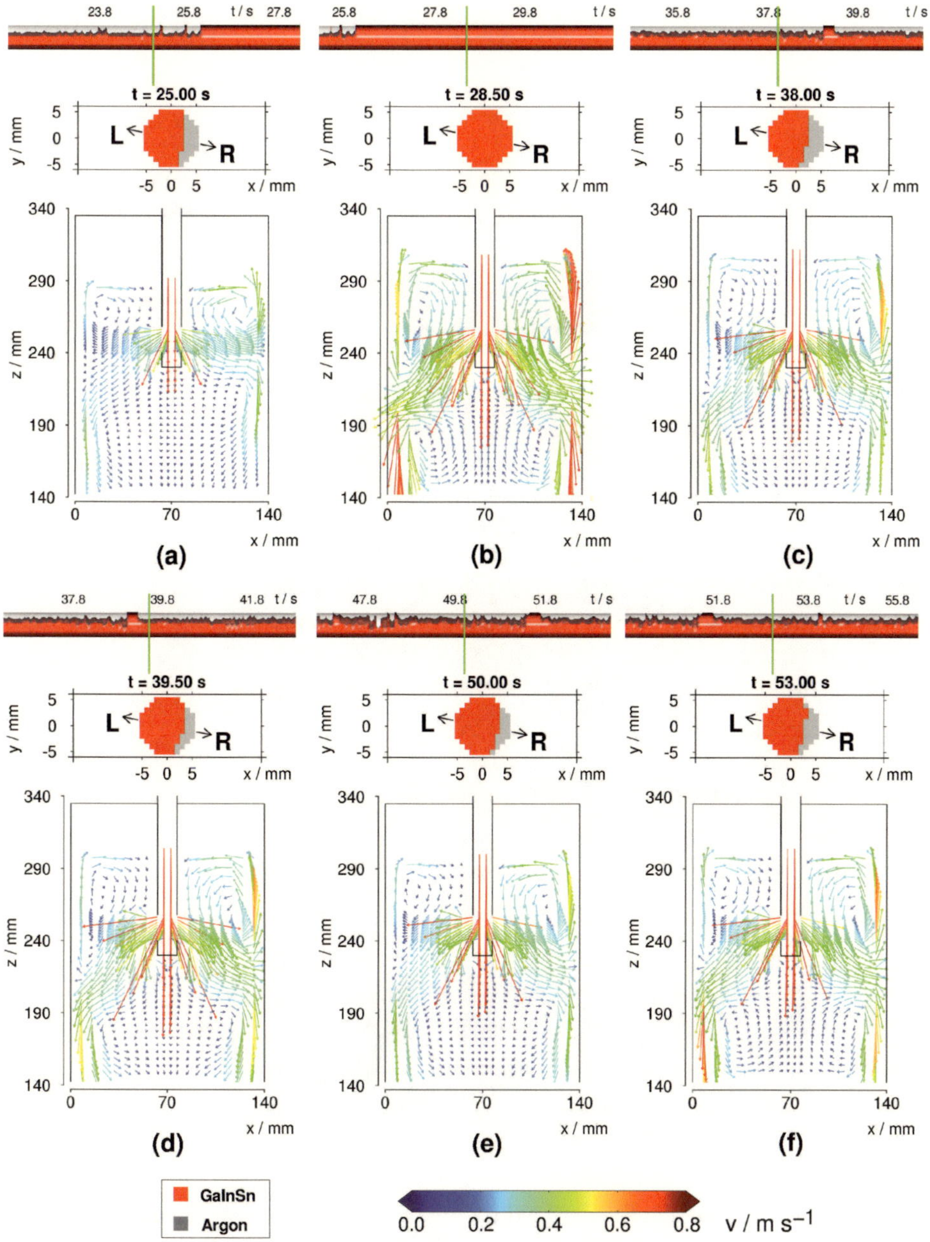

Abbildung 4.37: Die GaInSn/Argon Verteilung im Tauchrohr und das von CIFT rekonstruierte Geschwindigkeitsfeld in der Kokille für 6 ausgewählte Zeitpunkte für das in Abbildung 4.36 gezeigte Experiment mit $300\,\mathrm{cm^3\,min^{-1}}$ Argongas Durchflussrate

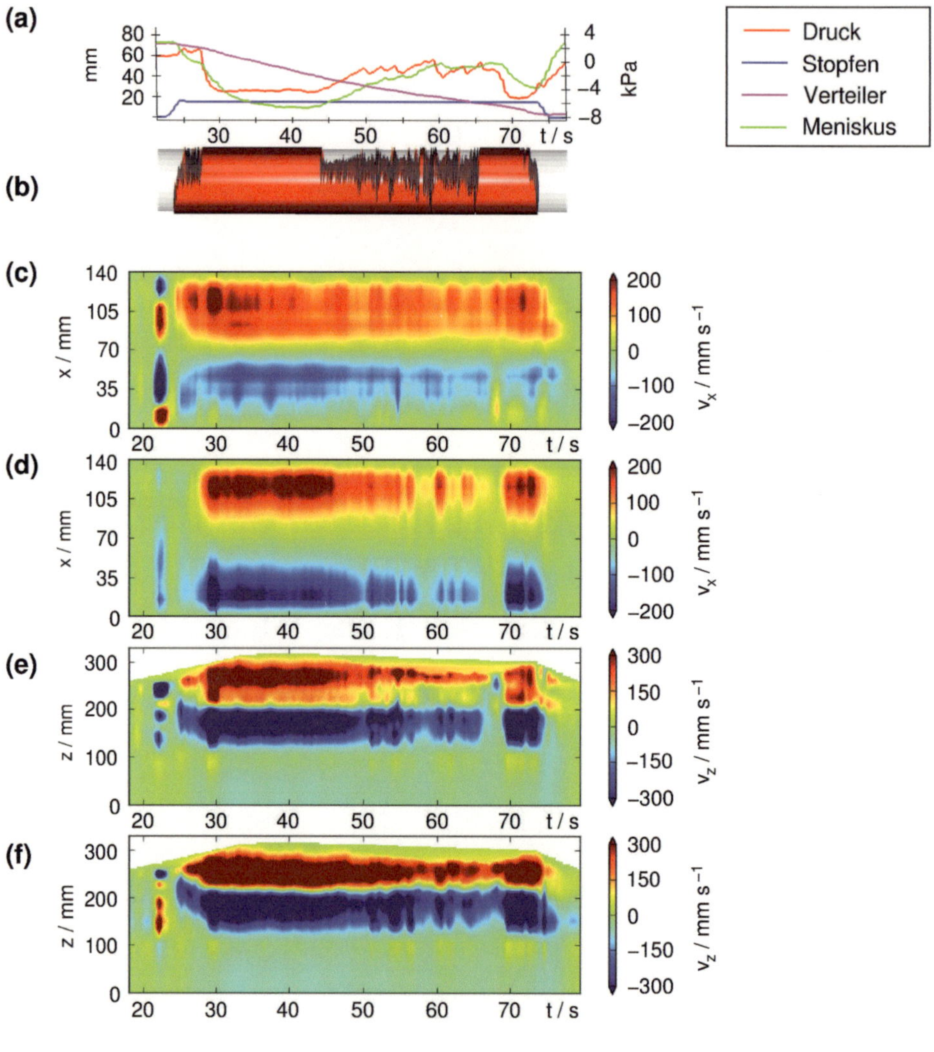

Abbildung 4.38: Ergebnisse von MIT und CIFT für ein Experiment mit $450\,\mathrm{cm^3\,min^{-1}}$ Argongas Durchflussrate; gleiche Anordnung der Diagramme wie in Abbildung 4.32

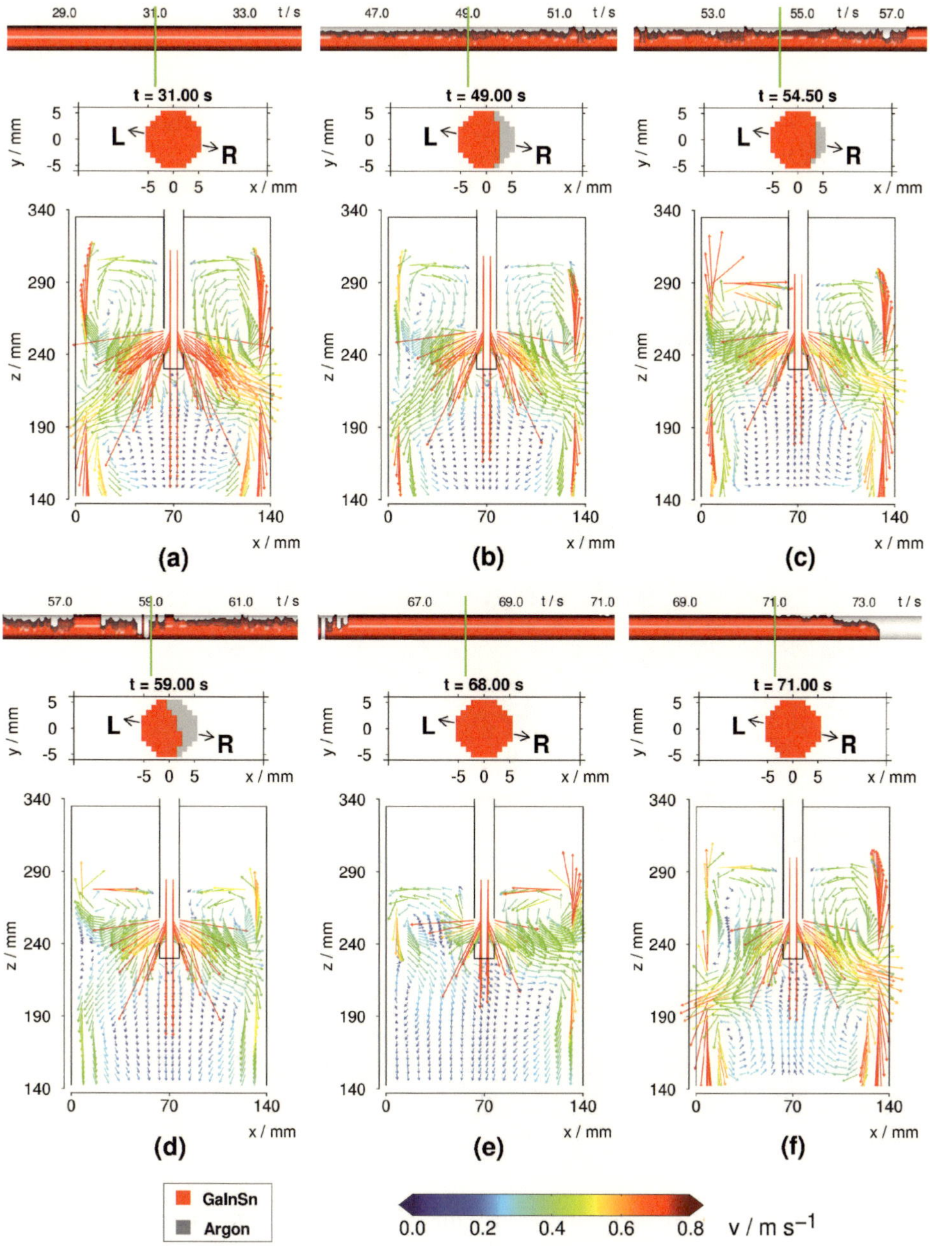

Abbildung 4.39: Die GaInSn/Argon Verteilung im Tauchrohr und das von CIFT rekonstruierte Geschwindigkeitsfeld in der Kokille für 6 ausgewählte Zeitpunkte für das in Abbildung 4.38 gezeigte Experiment mit $450\,\mathrm{cm}^3\,\mathrm{min}^{-1}$ Argongas Durchflussrate

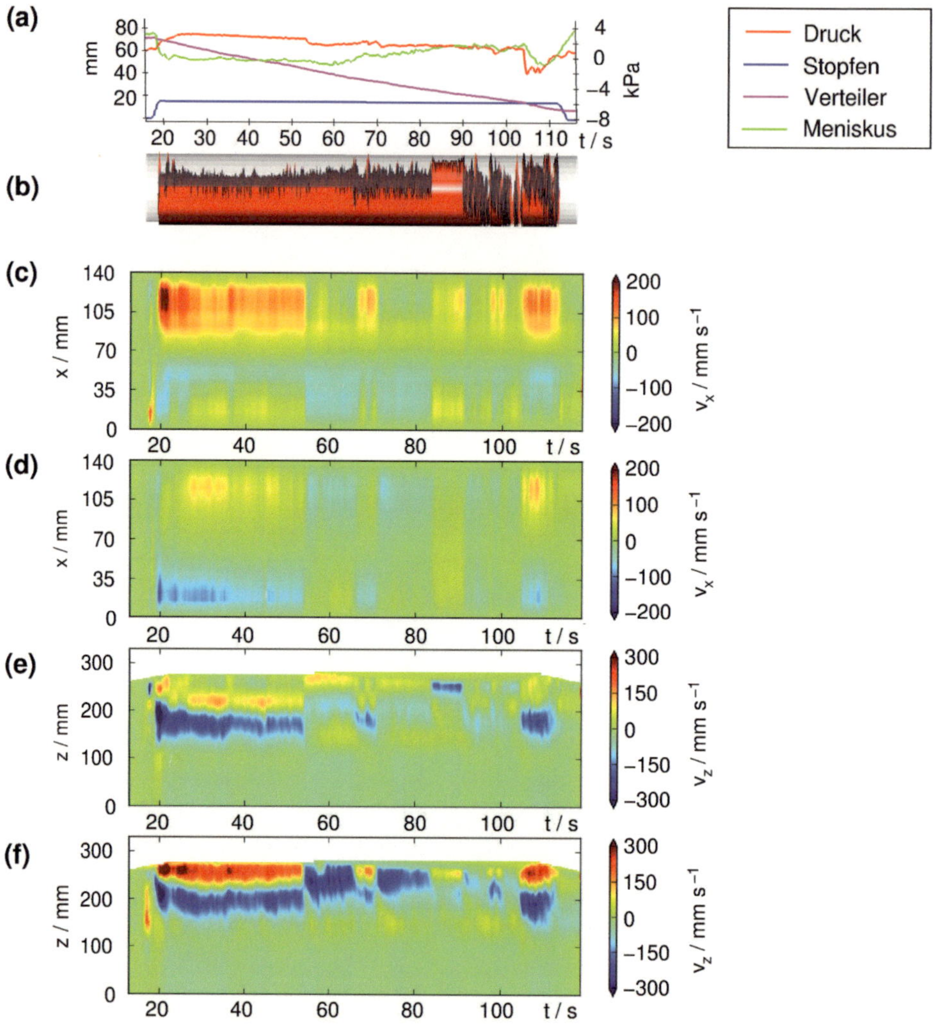

Abbildung 4.40: Ergebnisse von MIT und CIFT für ein Experiment mit $500\,\mathrm{cm}^3\,\mathrm{min}^{-1}$ Argongas Durchflussrate; gleiche Anordnung der Diagramme wie in Abbildung 4.32

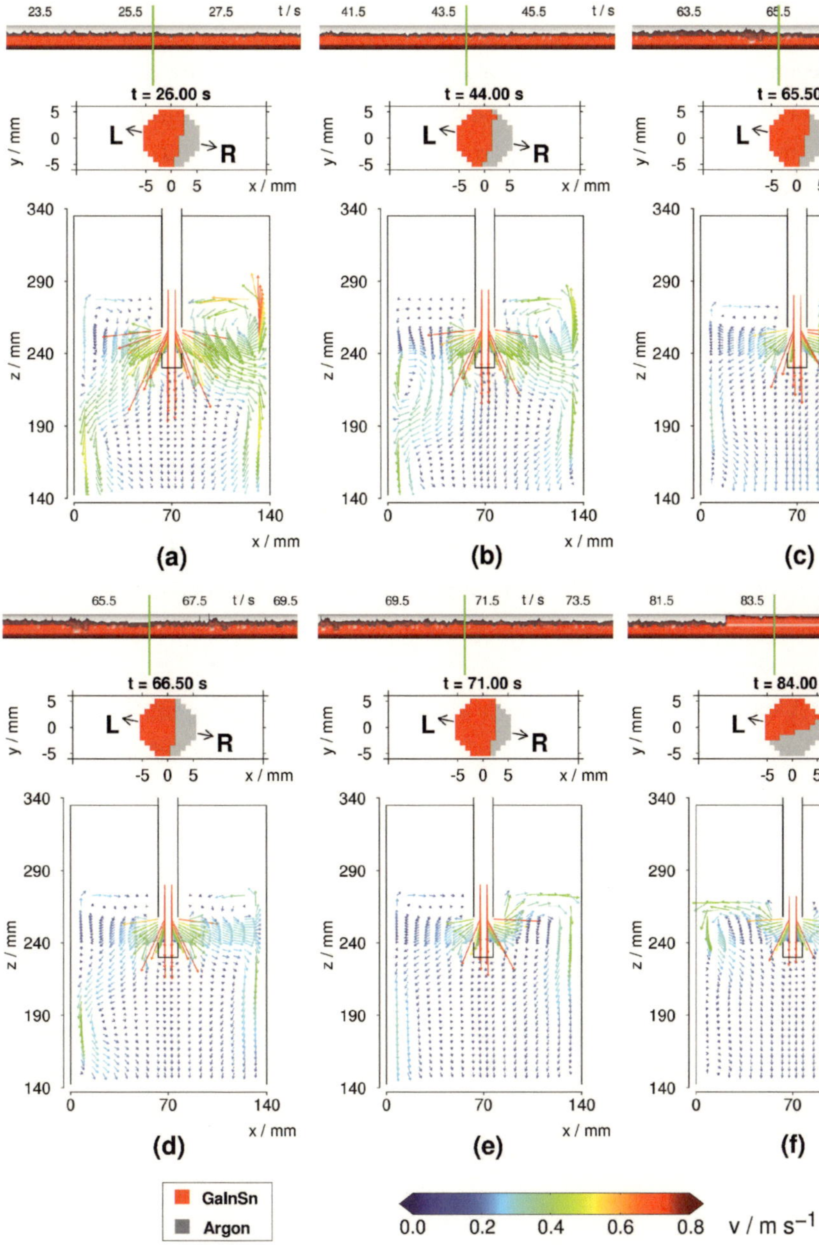

Abbildung 4.41: Die GaInSn/Argon Verteilung im Tauchrohr und das von CIFT rekonstruierte Geschwindigkeitsfeld in der Kokille für 6 ausgewählte Zeitpunkte für das in Abbildung 4.40 gezeigte Experiment mit $500\,\mathrm{cm}^3\,\mathrm{min}^{-1}$ Argongas Durchflussrate

bis zum Zeitpunkt $t = 53\,\mathrm{s}$ stabil bleibt. Genau zu diesem Zeitpunkt sinkt der Druck im Gaszuführungsystem um ca. 1 kPa und in der Kokille ist ein Übergang vom typischen Doppelwirbel zum Einzelwirbel auf der rechten Seite der Kokille zu erkennen, wohingegen auf der linken Seite der Doppelwirbel erhalten bleibt, der Strahl aber nun horizontal zur Wand strömt (Abbildung 4.41(c)). Interessanterweise ist zu diesem Zeitpunkt keine Änderung in der Verteilung von GaInSn/Argon im Tauchrohr sichtbar. Dieses Strömungsregime bleibt bis zum Zeitpunkt $t = 66\,\mathrm{s}$ stabil. Dann entsteht wieder ein Doppelwirbel auf beiden Seiten der Kokille (Abbildung 4.41(d)). Kurze Zeit später, zum Zeitpunkt $t = 71\,\mathrm{s}$, entsteht wieder ein Einzelwirbel auf der rechten Seite der Kokille (Abbildung 4.41(e)).

Zum Zeitpunkt $t = 83.5\,\mathrm{s}$ ändert sich ohne erkennbaren Grund die Position des Flüssigmetallstrangs im Tauchrohr und die Schmelze scheint jetzt hauptsächlich aus dem linken Port des Tauchrohrs zu fließen, was einen Einzelwirbel in der Kokille auf der linken Seite verursacht (Abbildung 4.41(f)). Ungefähr 7 s später kippt der Flüssigmetallstrang auf die alte Position zurück, worauf der Einzelwirbel von der linken zur rechten Seite wechselt. Kurz vor Ende des Experiments zum Zeitpunkt $t = 105\,\mathrm{s}$ fließt eine große Menge Flüssigmetall durch das Tauchrohr und erzeugt wieder einen symmetrischen Doppelwirbel in der Kokille.

In dieser Versuchsreihe erfolgten auch Messungen der Strömung mit Ultraschall. Dazu wurden, wie bereits in Kapitel 4.5 beschrieben, auf 10 vertikalen Positionen mit Abstand von 10 mm entlang der Schmalseite der Kokille UDV-Sensoren angebracht, um die horizontale Strömungskomponente $v_x(t, x)$ zu messen. Die Anordnung der Sensoren ist in Abbildung 4.30 bereits gezeigt worden. Vergleicht man die mit UDV gemessenen Geschwindigkeiten mit den mit CIFT rekonstruierten Geschwindigkeiten, stimmen die Ergebnisse recht gut überein.

In Abbildung 4.42 wird nur für das interessanteste Experiment mit $500\,\mathrm{cm}^3\,\mathrm{min}^{-1}$ Argon Durchflussmenge die horizontale Geschwindigkeit $v_x(t, x)$ der CIFT-Messung (a,c,e,g) mit der Ultraschallmessung (b,d,f,h) verglichen. Dabei konnten nur die Messdaten der Sonden 2 (a,b), 5 (b,c), 6 (d,e) und 7 (f,g) ausgewertet werden, da die Sonden 0, 1, 3 und 4 aufgrund einer schlechten akustischen Ankopplung an die Kokille kein Signal lieferten. Die vertikale Position der Sonde 2 war $z = 240\,\mathrm{mm}$, die anderen Sonden sind jeweils 10 mm tiefer montiert, so dass die letzte Sonde 7 die vertikale Position $z = 190\,\mathrm{mm}$ besitzt.

Für Sonde 2 liefert CIFT typischerweise kleinere Werte als die Ultraschallmessung. Die Ursache hierfür liegt in dem mittelnden Charakter von CIFT, der einen schmalen, schnellen Strahl durch einen breiteren, langsameren ersetzt, wie es bereits in Kapitel 4.5 zu erkennen war. Sobald der Strahl jedoch auf die Seitenwand der

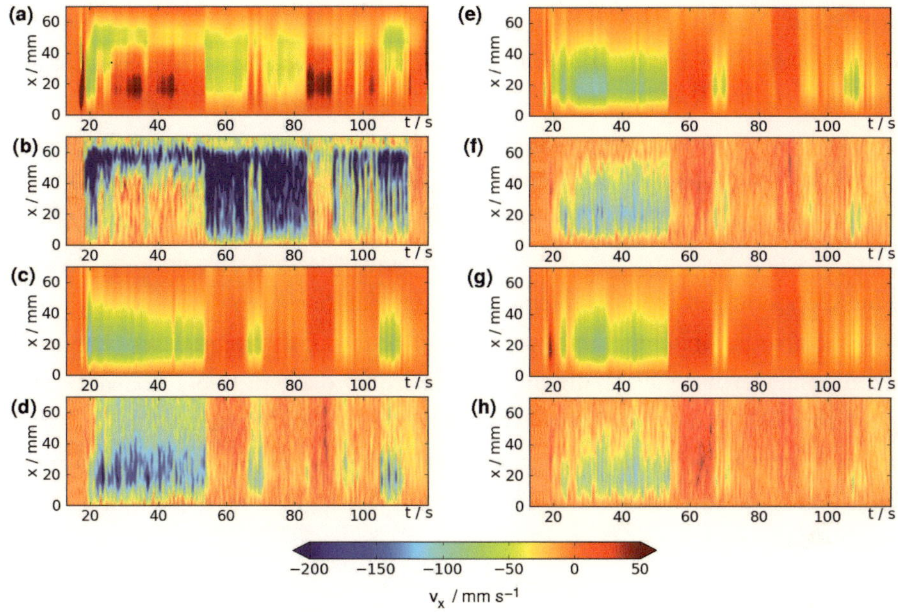

Abbildung 4.42: Vergleich der horizontalen Geschwindigkeitskomponente $v_x(t, x)$ im linken Teil der Kokille ($x = 0 \ldots 70\,\text{mm}$) rekonstruiert von CIFT (a,c,e,g) und gemessen mit Ultraschall (b,d,f,h) auf den vertikalen Position $z = 240\,\text{mm}$ (a,b), $z = 210\,\text{mm}$ (c,d), $z = 200\,\text{mm}$ (e,f) und $z = 190\,\text{mm}$ (g,h) für das in den Abbildungen 4.40 und 4.41 gezeigte Experiment

Kokille aufgetroffen ist, gibt es eine sehr gute Übereinstimmung zwischen CIFT und den Ultraschallmessungen, wie es für die Sensoren 5, 6 und 7 der Fall ist. Der globale Charakter von CIFT gestattet es, plötzliche Umkehrungen von v_x entlang einer horizontalen Linie unterschiedlichen Mechanismen zuzuordnen. Betrachtet man für die beiden Zeitpunkte $t_1 = 44\,\text{s}$ und $t_2 = 84\,\text{s}$ die mit dem 2. UDV-Sensor gemessene Geschwindigkeit v_x (Abbildung 4.42(a,b)) im Bereich von $0 \leq x \leq 40\,\text{mm}$, dann ist zu beiden Zeitpunkten v_x positiv, was zunächst darauf hindeuten könnte, dass die Strömung zu diesen beiden Zeitpunkten in der Kokille ähnlich ist. Vergleicht man jedoch dazu das von CIFT rekonstruierte Geschwindigkeitsfeld zum Zeitpunkt t_1 (Abbildung 4.41(b)) und zum Zeitpunkt t_2 (Abbildung 4.41(f)), dann ist klar zu erkennen, dass die wandnahen positiven Werte von v_x auf der Höhe $z = 240\,\text{mm}$ durch zwei ganz unterschiedliche Strömungsstrukturen verursacht werden. Während die Ursache der positiven v_x Werte am Sensor 2 zum Zeitpunkt t_1 eine von unten kommende Rückströmung ist, die durch einen tief in das Schmelzbad eindringenden Strahl erzeugt wird, ist zum Zeitpunkt t_2 die Ursache für die positiven v_x Werte eine von oben kommende Rückströmung, die durch einen Einzelwirbel auf der linken Seite der Kokille entsteht.

Abschließend lässt sich sagen, dass CIFT in der Lage ist, die typischen Strömungsstrukturen in der Kokille gut zu rekonstruieren, was UDV-Messungen bestätigten. Ein weiteres Ziel dieser Versuchsreihe war, die beiden elektromagnetischen tomographischen Verfahren zur Detektion von unvorhersehbaren und chaotischen Strömungsänderungen zu kombinieren. Eine systematische und quantitative Analyse der Effekte in Abhängigkeit von Stopfenposition und Gasdurchfluss kann mit diesen Messungen noch nicht durchgeführt werden, da gerade bei hohen Durchflüssen Unterschiede der Strömung zwischen den einzelnen Messungen mit gleichen Parametern sehr groß sind und daher pro Parameterkombination mehr Experimente durchgeführt werden müssten, um statistische Aussagen über die Strömungsverhältnisse treffen zu können.

4.6.2 Rührer am Tauchrohr

Im Gegensatz zu dem bisher beschriebenen Brammengießen wird beim Gießen von Rundstahl oder von Knüppeln mit quadratischer Grundfläche oft ein Tauchrohr mit nur einer Öffnung am Ende eingesetzt, das einen starken, nach unten zeigenden Flüssigmetallstrahl in der Kokille erzeugt. Das sich daraus ergebende Strömungsregime in der Kokille begünstigt den Einbau von Partikeln und Blasen in den Stahl, da diese tief in das Schmelzbad eindringen und nicht mehr zum Meniskus aufsteigen können.

Um diesem Effekt entgegenzuwirken, gibt es die Möglichkeit, schon im Tauchrohr eine helikale Strömung zu erzeugen, die zentrifugale Kräfte in das Strömungsfeld in der Kokille einbringt, von denen erwartet wird, dass sie eine stärkere nach oben gerichtete Strömung an den Wänden der Kokille erzeugen. Dies wurde bereits mit Experimenten mit Wood'schem Metall für das Gießen von Rundstahl bestätigt [70]. Für das Brammengießen wurde ebenfalls eine helikale Strömung im Tauchrohr untersucht, jedoch mit der Fragestellung, ob damit selbsterregte Strömungsoszillationen vermieden werden können [71]. Als Alternative zu den in beiden Versuchsreihen genutzten mechanischen Einbauten in das Tauchrohr, wie rotierenden Propellern [70] oder fest eingebauten Leitflügeln [71], kann auch ein elektromagnetischer Rührer eingesetzt werden, um eine helikale Strömung im Tauchrohr zu erzeugen.

In diesem Kapitel wird eine Versuchsreihe beschrieben, bei der zum ersten Mal die Effekte eines magnetischen Rührers um das Tauchrohr auf die Strömung in

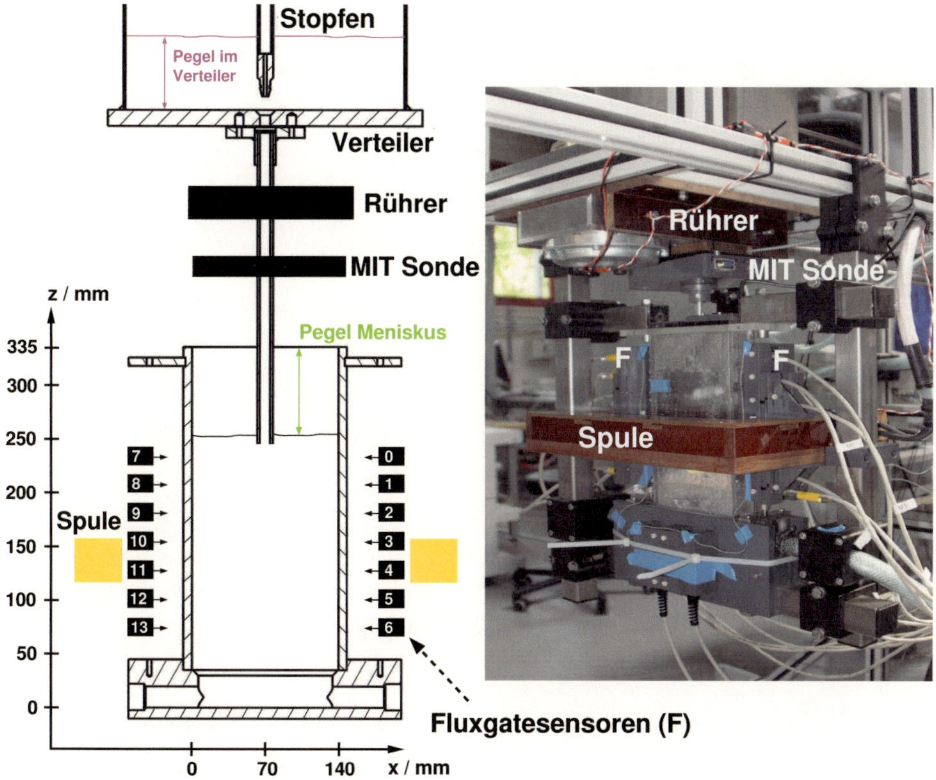

Abbildung 4.43: Skizze und Foto der modifizierten Mini-LIMMCAST-Anlage mit einem Tauchrohr mit nur einer Öffnung, dem Rührer um das Tauchrohr unter dem Verteiler, der MIT-Sonde und der Magnetfeldsonden mit der Spule für die CIFT-Messung

der Kokille untersucht wurden [74]. Dazu wurde an der Mini-LIMMCAST-Anlage das Tauchrohr mit zwei Öffnungen durch ein Tauchrohr mit nur einer Öffnung getauscht, was zunächst typisch für das Rundstahlgießen oder das Knüppelgießen ist. Da jedoch nicht die Form der Kokille geändert wurde, glich der Versuchsaufbau mehr einem hybriden Aufbau einer Anlage für Brammengießen (Kokille) und einer Anlage für Knüppelgießen (Tauchrohr). Daher muss man vorsichtig sein, wenn diese Ergebnisse auf einen realen Gießprozess übertragen werden sollen.

Der Aufbau für diese Versuchsreihe ist in Abbildung 4.43 gezeigt. Direkt unter dem Verteiler ist der magnetische Rührer montiert. Er besteht aus einem Paar von gegenüberliegenden Permanentmagneten, die um das Tauchrohr rotieren und von einem Motor angetrieben werden. Die maximale Rotationsfrequenz ist 50 Hz. Unter dem Rührer ist die MIT-Sonde montiert, die diesmal nur dazu eingesetzt

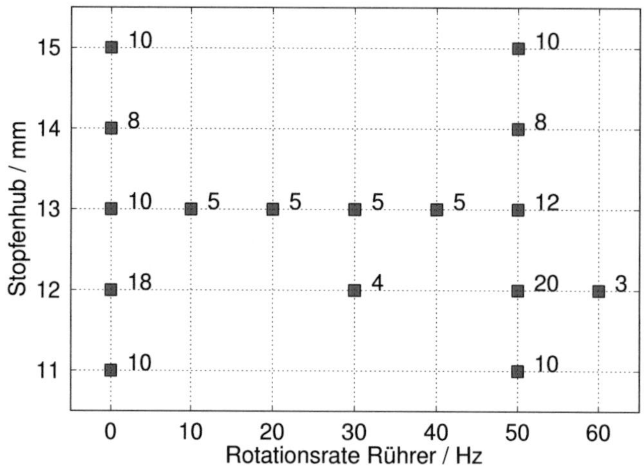

Abbildung 4.44: Übersicht über das Parameterfeld der Experimente: Die Zahl an jedem Datenpunkt gibt die Zahl der Experimente an, die mit dieser Parameterkonfiguration durchgeführt wurden

wurde, um zu überprüfen, ob das Tauchrohr während der Messung vollständig gefüllt ist. Das Tauchrohr endet in der Kokille auf der Höhe von $z = 240$ mm und hat einen Durchmesser von 10 mm. Für CIFT wurden wiederum je 7 Sensoren entlang beider Schmalseiten der Kokille an die Messspule montiert. Vergleicht man diese Anordnung der Sonden mit der bei der Versuchsreihe mit der Zweiphasenströmung eingesetzten Anordnung (siehe Abbildung 4.30 in Kapitel 4.6.1), dann sind die Messspule und die Magnetfeldsensoren etwas tiefer an der Kokille angebracht.

In dieser Versuchsreihe wurden 143 Experimente mit unterschiedlichen Stopfenpositionen und Rotationsraten des Rührers durchgeführt. In Abbildung 4.44 sind die gemessenen Parameterkonfigurationen aufgetragen, wobei die Zahl bei jedem Punkt angibt, wie viele Experimente mit dieser Parameterkonfiguration durchgeführt wurden. Durch den Einsatz der neuen Stopfensteuerung mit Druckluft hat sich die Stopfenhöhe im Vergleich zu der in Kapitel 4.6.1 beschriebenen Versuchsreihe etwas verändert. So ist bei 11 mm der Auslass aus dem Verteiler fast geschlossen, wohingegen bei 15 mm der Auslass in das Tauchrohr vollständig geöffnet ist. Für die Auswertung werden hier nur die Experimente mit einem Stopfenhub von 13 mm betrachtet. Dies entspricht etwa der Stopfenhöhe von 15 mm mit der alten Stopfensteuerung in Kapitel 4.6.1.

Abbildung 4.45 zeigt für die Rotationsraten 0, 10, 20, 30, 40 und 50 Hz den

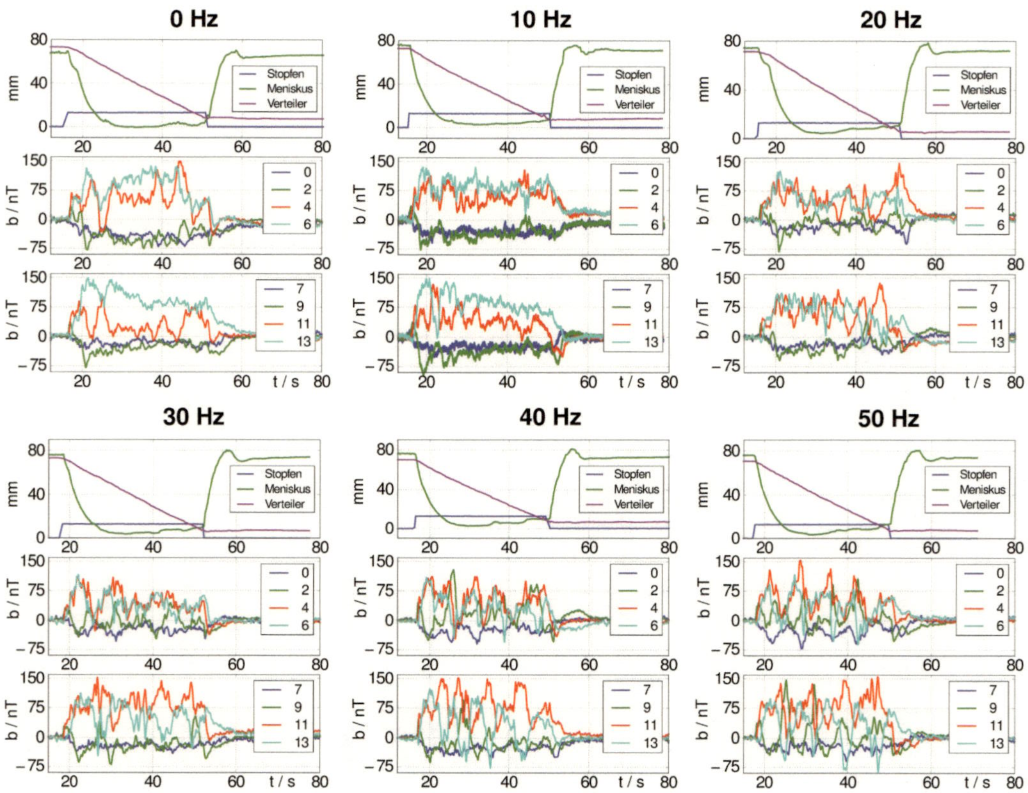

Abbildung 4.45: Die Prozessdaten (Stopfenhub, Pegel im Verteiler und Position des Meniskus) und das gemessene induzierte Magnetfeld an vier ausgewählten Positionen entlang beider Schmalseiten der Kokille für sechs repräsentative Experimente mit unterschiedlichen Rotationsraten des Rührers zwischen 0 Hz und 50 Hz. Die Nummer der Signale entspricht der Nummer der Fluxgatesonden in Abbildung 4.43

zeitlichen Verlauf der Prozessparameter (Stopfenhub, Pegel im Verteiler und die Position des Meniskus). Zusätzlich zu diesen Prozessdaten sind in Abbildung 4.45 für 4 ausgewählte Magnetfeldsensoren an der linken und der rechten Schmalseite der Kokille die gemessenen Magnetfelder dargestellt, die bereits mit einem Bessel-tiefpass 4. Ordnung und 10 Hz Grenzfrequenz gefiltert wurden.

Während der Pegel im Verteiler und die Position des Meniskus in der Kokille ein stabiles und reguläres Verhalten zeigten, sind dagegen die Signale des induzierten Magnetfeldes viel irregulärer. Dies hat die Ursache in einer nicht stationären Strömung in der Kokille. Steigt die Rotationsrate des Rührers an, werden auch die Oszillationen im induzierten Magnetfeld regulärer und ihre Amplitude größer. Klar sichtbar ist der gegenphasige Verlauf der Magnetfeldfluktuationen an beiden Schmalseiten der Kokille. Dies gibt einen ersten Hinweis auf eine typische links-rechts Asymmetrie der Strömung in der Kokille.

Für eine weitere Untersuchung wurde aus den Magnetfelddaten die Strömung entsprechend der Gleichung (3.16) aus Kapitel 3.6 rekonstruiert, wobei das geometrische Modell an das Tauchrohr mit nur einer Öffnung angepasst wurde. Abbildung 4.46 zeigt wieder für die sechs unterschiedlichen Rotationsraten die t- und die x-Abhängigkeit der von CIFT rekonstruierten Geschwindigkeitskomponente $v_x(t,x)$ auf der Höhe mit $z = 100\,\mathrm{mm}$. Die links-rechts Asymmetrie der Oszillation wird klar erkennbar.

Betrachtet man die zeitliche Variation der Geschwindigkeitskomponente $v_z(t,z)$ entlang der linken Wand ($x = 10\,\mathrm{mm}$), wie sie in Abbildung 4.47 gezeigt ist, werden mehrere interessante Effekte sichtbar: Mit wachsender Rotationsfrequenz des Rührers bis 10 Hz ist zunächst eine gewisse Stabilisierung der Strömung zu erkennen. Wird die Rotationsfrequenz weiter erhöht, tritt eine Verstärkung der Fluktuationen auf. Bei der maximalen Rotationsfrequenz von 50 Hz erreicht der positive Anteil von v_z, wie gewünscht, eine höhere vertikale Position, jedoch um den Preis einer stärkeren Oszillation.

Um die Bewegung der dominanten Wirbel entlang der Schmalseiten der Kokille zu illustrieren, zeigen die beiden Abbildungen 4.48 und 4.49 eine Sequenz von rekonstruierten Geschwindigkeitsfeldern zu 8 unterschiedlichen Zeitpunkten aus dem Zeitintervall von $t = 23\,\mathrm{s}$ bis $t = 37\,\mathrm{s}$ für je ein Experiment mit 10 Hz und 50 Hz Rotationsfrequenz des Rührers. Zusätzlich wird die aus dem Geschwindigkeitsfeld berechnete Größe λ_2 in Graustufen dargestellt, die für die Bestimmung des Zentrums eines Wirbels verwendet wird [30], das durch einen roten Punkt im Geschwindigkeitsfeld markiert ist. Während die Strömung bei der Rotationsfrequenz von 10 Hz (Abbildung 4.48) weitgehend stationär ist, zeigt die Strömung bei 50 Hz Rotationsfrequenz (Abbildung 4.49) dagegen eine starke und relativ reguläre Oszillation mit einer klaren links-rechts Asymmetrie.

Vergleicht man die Strömung in Abbildung 4.48 und 4.49, dann gibt es eine signifikante Verschiebung der mittleren Position des Wirbelzentrums nach oben, was erwartet und erwünscht war. Die Position des Wirbelzentrums zeigt jedoch in vertikaler Richtung starke Fluktuationen bei 50 Hz Rotationsfrequenz, wohingegen bei 10 Hz das Wirbelzentum sehr stabil über eine lange Zeit an der gleichen Stelle bleibt.

Um die Abhängigkeit der Fluktuationen von der Rotationsrate des Rührers weiter zu untersuchen, wurde exemplarisch für die Geschwindigkeitskomponente $v_x(x, z, t)$ an der Position $x = 20$ mm und $z = 190$ mm eine Spektralanalyse durchgeführt. Da mit CIFT nur für jede Sekunde die Strömung rekonstruiert wurde und die Dauer einer Messung ca. 50 Sekunden betrug, waren nur etwa 50 Messwerte für die Spektralanalyse vorhanden. Daher wurde das Verfahren nach Lomb-Scargle gewählt, das im Gegensatz zur Fourieranalyse schon für eine geringe Anzahl von Messwerten das Frequenzspektrum verlässlich bestimmen kann [37, 53]. Für das in Abbildung 4.50 gezeigte Periodogramm wurde für jede Rotationsrate des Rührers das Frequenzspektrum von $v_x(t)$ über fünf Experimente gemittelt. Aus dem Periodogramm wird klar ersichtlich, dass sich durch das Erhöhen der Rotationsrate eine charakteristische Frequenz mit $f \approx 0.14$ Hz ausbildet und alle anderen Frequenzen gedämpft werden. Somit entsteht bei wachsender Rotationsrate eine immer regulärer werdende Oszillation mit einer Periodendauer von ca. sieben Sekunden.

Im Vorfeld der Versuchsreihe wurden einige Ultraschall Messungen mit und ohne Rührer durchgeführt [74]. In Abbildung 4.51 ist die von UDV und CIFT gemessene Geschwindigkeitskomponente $v_x(t, x)$ auf den vertikalen Positionen $z = 190$ mm und $z = 150$ mm für eine Rotationsfrequenz von 50 Hz dargestellt. Dabei sind die Messwerte von UDV und CIFT aus zwei unterschiedlichen Experimenten, da eine simultane Messung wegen der beschränkten Platzverhältnisse nicht möglich war, weil im Gegensatz zu der in Kapitel 4.6.1 beschriebenen Versuchsreihe die kleinen 10 mm langen Ultraschallsonden nicht zur Verfügung standen. Vernachlässigt man den Effekt, dass das Ultraschallsignal für große Werte von x stark gedämpft wird, zeigen beide Messungen eine qualitativ gute Übereinstimmung. Der oszillierende Charakter der Strömung ist in beiden Messungen klar sichtbar.

Mit dieser Versuchsreihe konnte die prinzipielle Einsetzbarkeit von CIFT auch für die Untersuchung der Effekte eines magnetischen Rührers am Tauchrohr auf die Strömungsstruktur in der Kokille gezeigt werden. Mit CIFT lassen sich die zeitabhängige links-rechts Asymmetrie der Strömung in der Kokille und die entstehenden

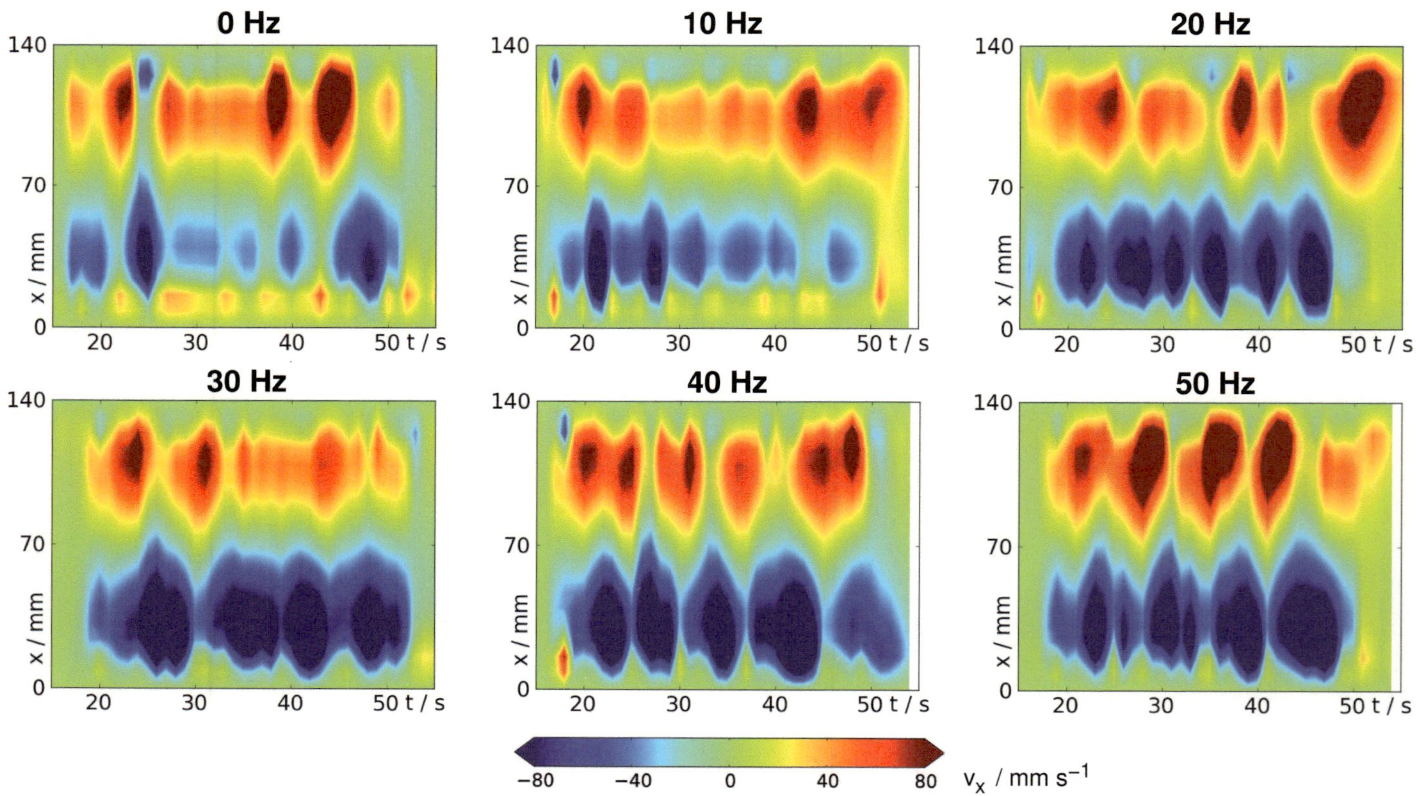

Abbildung 4.46: Die von CIFT rekonstruierte Geschwindigkeitskomponente $v_x(t, x)$ auf der Höhe $z = 100\,\mathrm{mm}$ für unterschiedliche Rotationsraten des Rührers zwischen 0 und 50 Hz

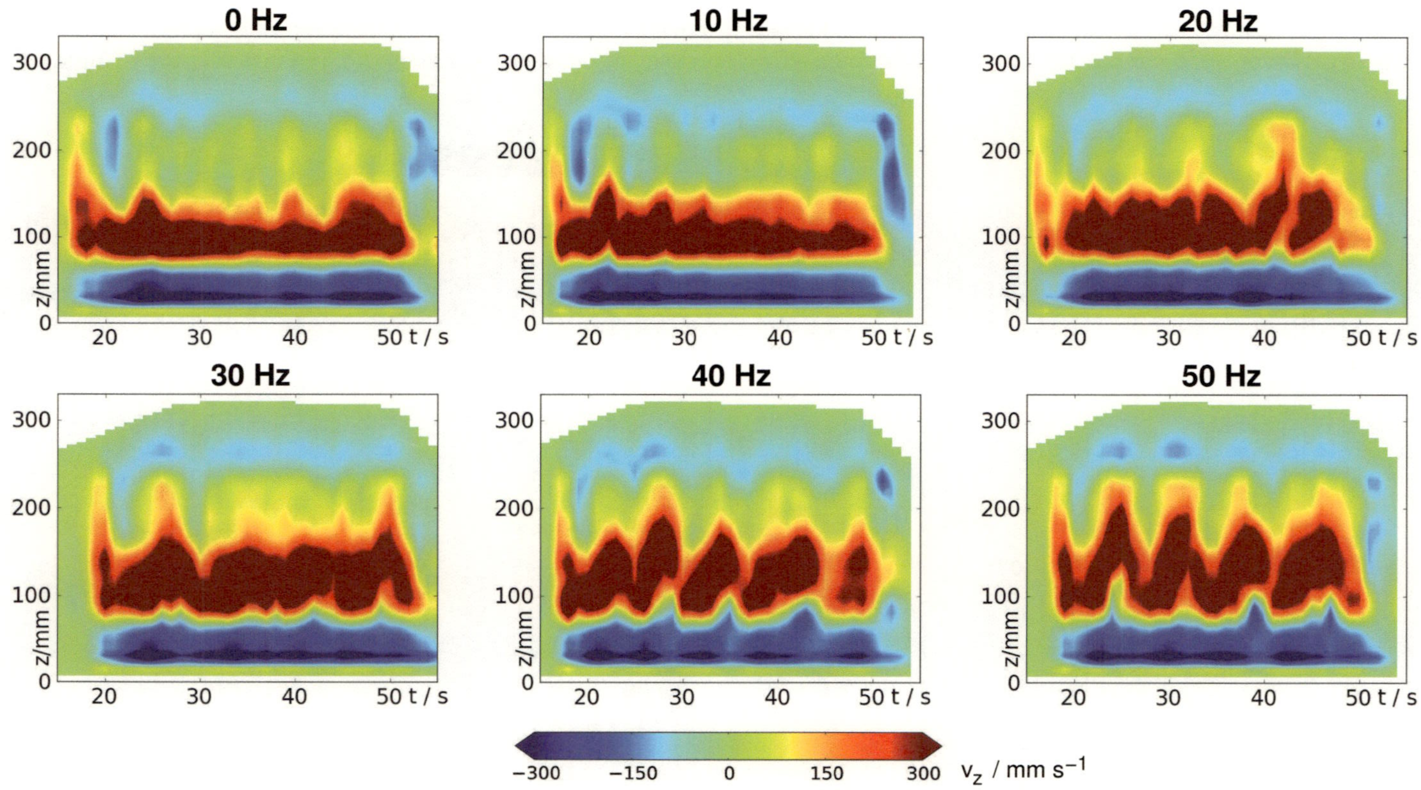

Abbildung 4.47: Die von CIFT rekonstruierte Geschwindigkeitskomponente $v_z(t, z)$ entlang der linken Wand bei $x = 10\,\mathrm{mm}$ für unterschiedliche Rotationsraten des Rührers zwischen 0 und 50 Hz

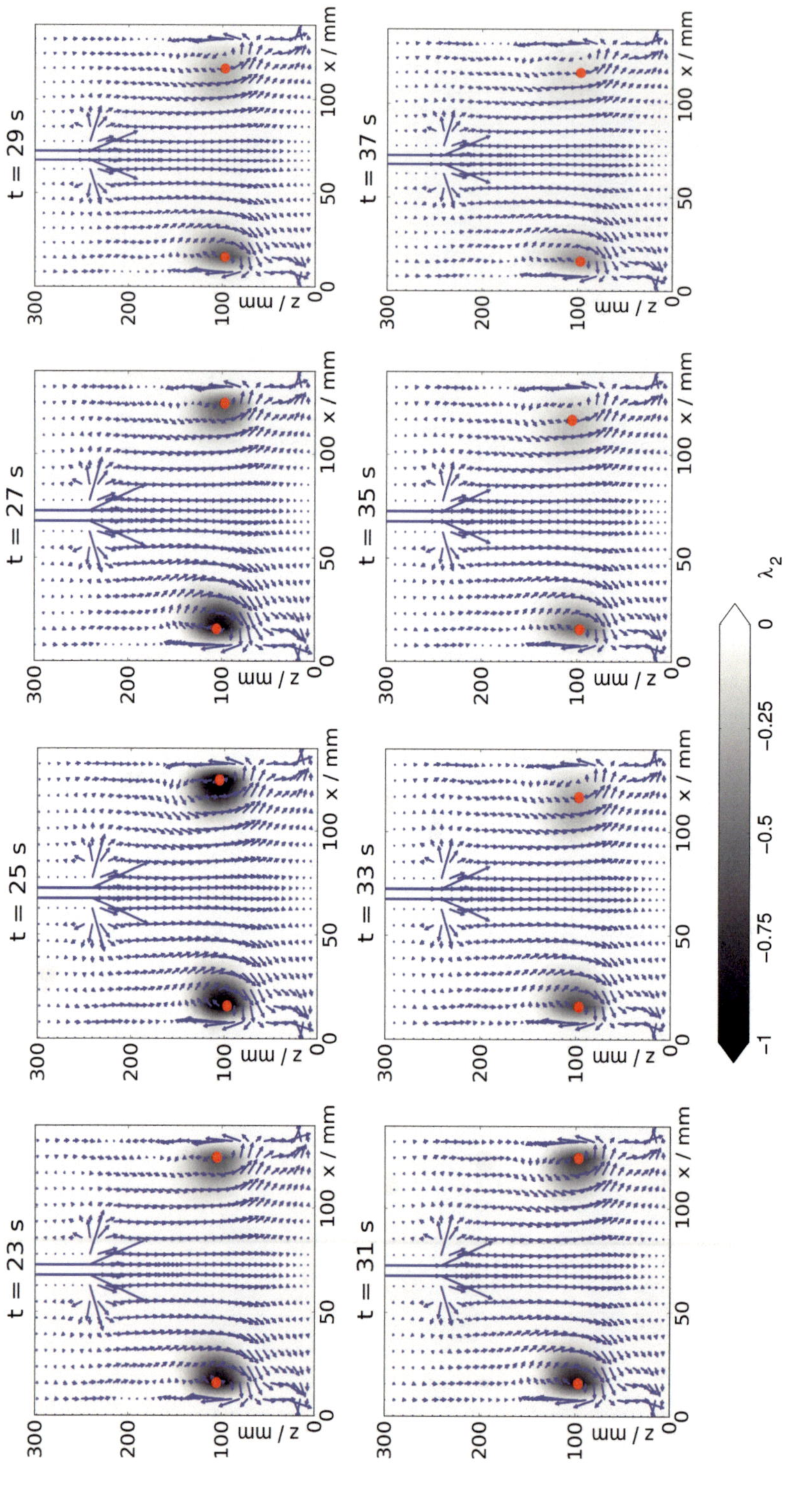

Abbildung 4.48: Das von CIFT rekonstruierte zweidimensionale Geschwindigkeitsfeld und der daraus berechnete normalisierte λ_2-Wert für 8 ausgewählte Zeitpunkte für ein Experiment mit einer Rotationsrate des Rührers von 10 Hz

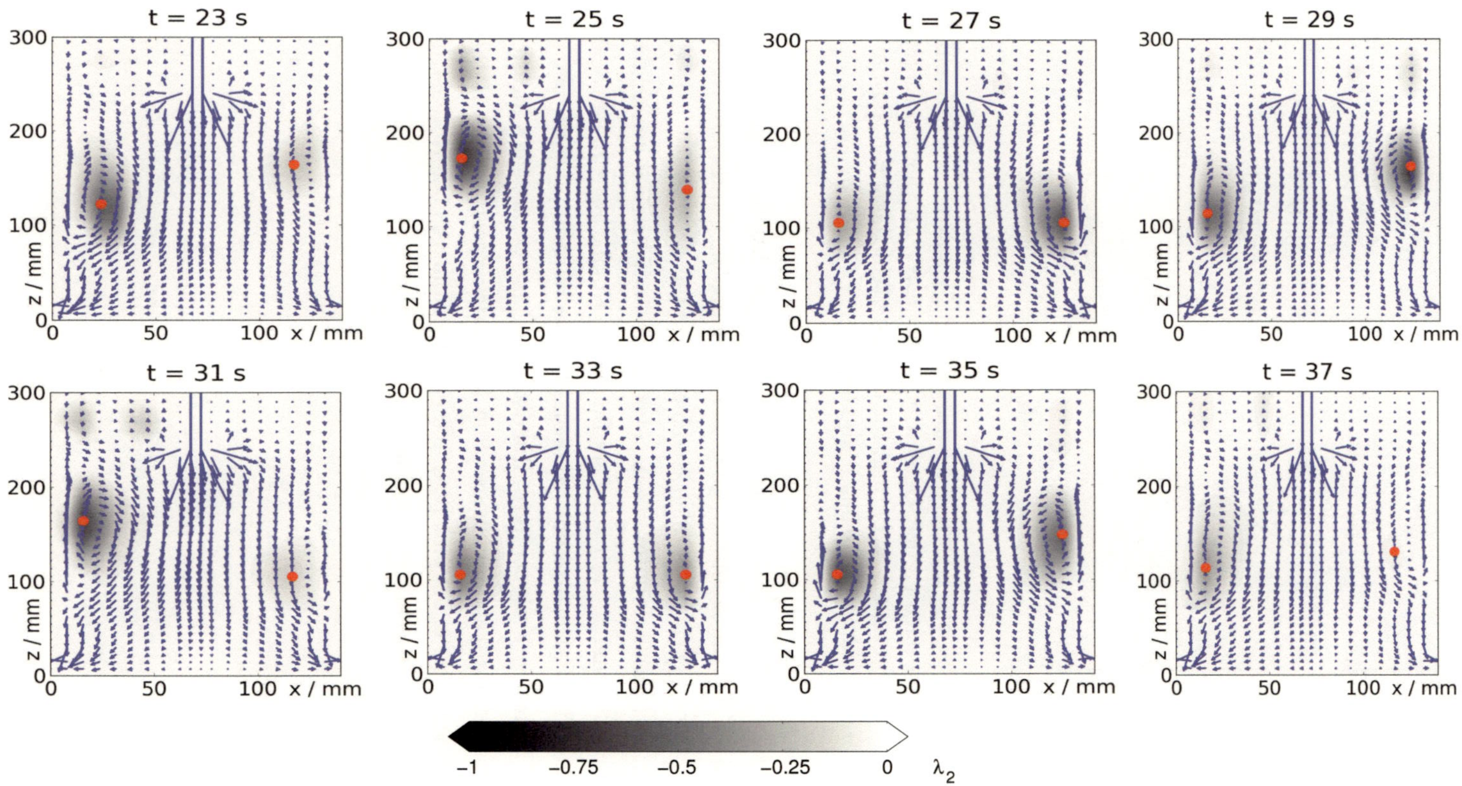

Abbildung 4.49: Das von CIFT rekonstruierte zweidimensionale Geschwindigkeitsfeld und der daraus berechnete normalisierte λ_2-Wert für acht ausgewählte Zeitpunkte für ein Experiment mit einer Rotationsrate des Rührers von 50 Hz

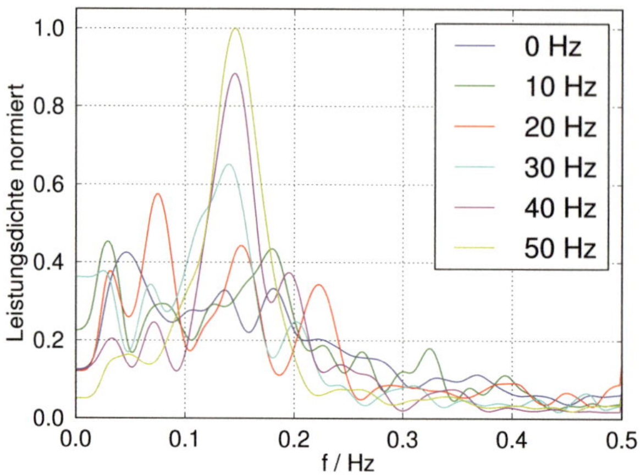

Abbildung 4.50: Normiertes Leistungsdichtespektrum, gemittelt über jeweils fünf Experimente, der Geschwindigkeit $v_x(t)$ an der Position $x = 20\,\mathrm{mm}$ und $z = 190\,\mathrm{mm}$ für die unterschiedlichen Rotationsraten des Rührers zwischen 0 und 50 Hz

Wirbel detektieren. Der Vergleich von CIFT mit Ultraschallmessungen zeigt eine gute qualitative Übereinstimmung. Aufgrund des globalen Charakters von CIFT bezüglich der Genauigkeit der lokalen Geschwindigkeiten muss jedoch z. B. die rekonstruierte Breite des nach unten strömenden Strahls mit Vorsicht betrachtet werden. Diesbezüglich könnten zusätzliche am Boden der Kokille angebrachte Sensoren die Genauigkeit der Rekonstruktion erhöhen. Zudem wäre es möglich, beim Einsatz von CIFT für den Knüppel- oder Rundstahlguss ein zusätzliches Messfeld zu verwenden, das orthogonal zum eingesetzten Magnetfeld steht, um die Rotationsbewegung der Schmelze in der Kokille durch eine dreidimensionale Rekonstruktion der Strömung ebenfalls sichtbar zu machen.

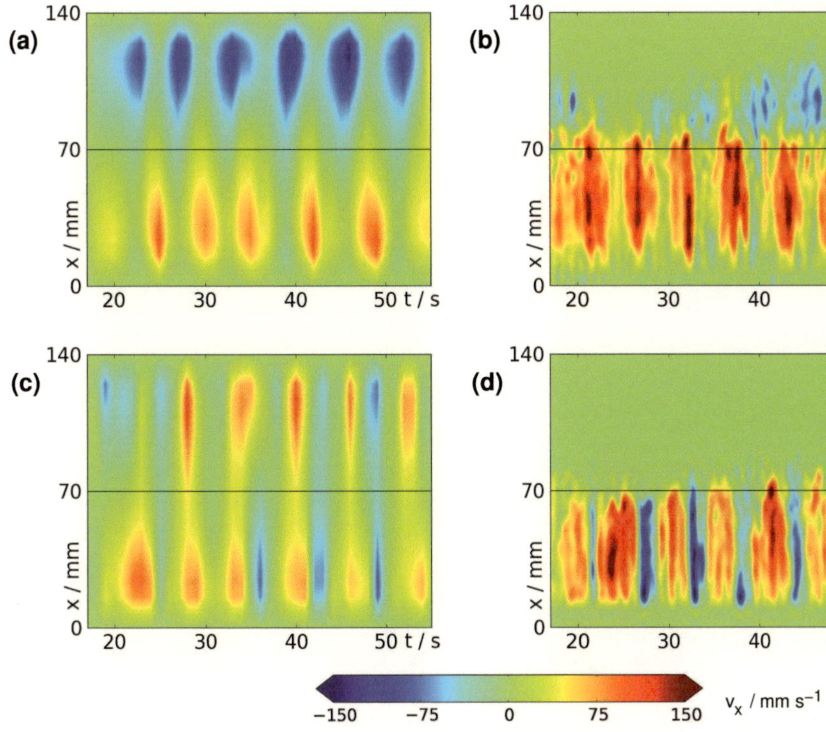

Abbildung 4.51: Vergleich des von CIFT rekonstruierten Geschwindigkeitsfeldes $v_x(t, x)$ (a,c) mit den Ultraschallmessungen (b,d) auf den vertikalen Positionen mit $z = 190\,\mathrm{mm}$ (a,b) und $z = 150\,\mathrm{mm}$ (c,d), beide Experimente mit Stopfenhub von 15 mm und einer Rotationsrate von 50 Hz; die scheinbar verschwindende Geschwindigkeit an den Stellen $x > 70\,\mathrm{mm}$ liegt an der starken Dämpfung des Ultraschallsignals für größere x-Werte

5 Maßnahmen zur Verringerung der Störanfälligkeit

Dieses Kapitel beschäftigt sich mit Störungen der Messung des induzierten Magnetfeldes durch Störfelder aus der Umgebung und mit Maßnahmen, wie die Messung von diesen Störungen unabhängig gemacht werden kann. Nachdem einige Störungen vorgestellt werden, die während der Messungen aufgetreten sind (siehe Kapitel 5.1), wird auf die ersten Messungen des induzierten Magnetfeldes mit Gradientensonden eingegangen (siehe Kapitel 5.2). Anschließend folgen die ersten Messungen mit Fluxgatesonden und mit Induktionsspulen für ein Wechselfeld als Messfeld (siehe Kapitel 5.3). Im letzten Kapitel 5.4 wird ein Experiment beschrieben, in dem der Effekt von leitfähigen Wänden in der Kokille auf das induzierte Magnetfeld untersucht wird.

5.1 Störeffekte

Für CIFT ist eine genaue und verlässliche Messung des etwa im Bereich von 10 bis 1000 nT liegenden induzierten Magnetfeldes äußerst wichtig. Dies stellt hohe Anforderungen an die Stromversorgung der Spule, die besonders stabil sein muss, und an die Sonden, die einen hohen Dynamikumfang mit geringem Rauschen besitzen müssen.

Die eingesetzten Fluxgatesonden, die eine Auflösung von 0.14 nT haben, eignen sich sehr gut für die Messung, da sie ein sehr stabiles maximales Rauschen von $< \pm 3$ nT über mehrere Stunden aufweisen, das im gesamten Messbereich von 0 bis 1.2 mT gleich stark ist. Selbst wenn die Magnetfeldkomponente, die senkrecht auf der Messachse der Fluxgatesonde steht, um mehr als das Dreifache stärker als 1.2 mT ist, wird weder die Messung verzerrt noch das Rauschen verstärkt. Dadurch dass die Magnetfeldsonden starr mit der Spule verbunden sind und für die Windungen ein Draht von 7 mm Durchmesser eingesetzt wurde, waren weder Beeinflussungen des Magnetfeldes durch geometrische Veränderungen noch durch ther-

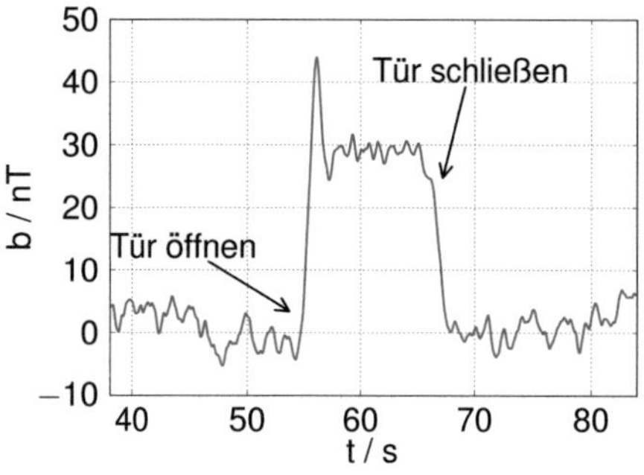

(a) Öffnen einer Stahlschranktür in 2 m Entfernung zu den Sonden

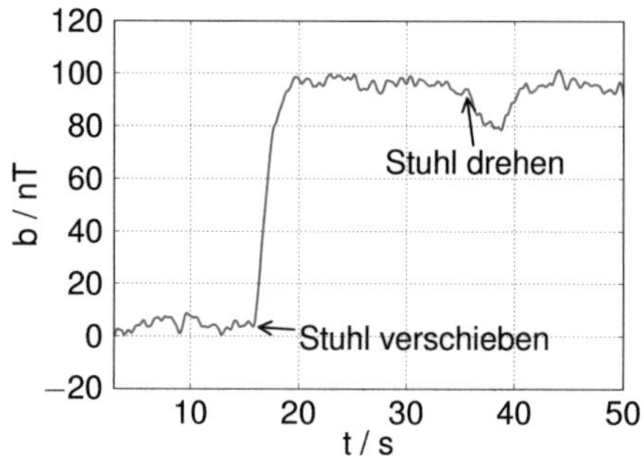

(b) Verschieben und Drehen eines Stuhls in 1 m Entfernung zu den Sonden

Abbildung 5.1: Zwei Beispiele einer Störung durch das Umgebungsmagnetfeld an der Mini-LIMMCAST-Anlage

mische Effekte zu beobachten. Das zeigte, dass Messungen mit einer Genauigkeit von $\pm 3\,\mathrm{nT}$ möglich sind.

Das größte Problem bereiten Verzerrungen des Magnetfeldes durch Einflüsse aus der Umgebung, die z. B. durch das Bewegen von magnetischen Bauteilen und Stromleitungen oder durch das Einschalten von elektrischen Strömen in der näheren Umgebung entstehen. Aufgrund des sehr kleinen zu messenden induzierten Magnetfeldes haben schon kleinste Verzerrungen einen erheblichen Einfluss auf die Messung. In Abbildung 5.1 ist die Störung des Magnetfeldes an der Mini-LIMMCAST-Anlage beim Öffnen einer Stahlschranktür und beim Bewegen eines Stuhls in der Entfernung von 2 m zur Sonde gezeigt. Diese gemessenen Verzerrungen liegen in der gleichen Größenordnung wie das durch die Strömung induzierte Magnetfeld.

Sogar das Einschalten eines starken Gleichstroms von 4 kA durch einen Kupferstab in 20 m Entfernung ist detektierbar, wie aus Abbildung 5.2 ersichtlich ist. Im Zeitintervall zwischen 30 s und 40 s wurde der Strom durch den Kupferstab langsam auf 4 kA hochgefahren. Das durch diesen Strom entstehende Magnetfeld verschiebt das gemessene Magnetfeld um ca. 50 nT. Am Ende der Messung zum Zeitpunkt $t = 52\,\mathrm{s}$ (schwarzer Pfeil) ist diese Verschiebung von 50 nT eindeutig identifizierbar.

Diese Experimente zeigen, dass für einen Einsatz von CIFT in einer industriell relevanten Umgebung, wie z. B. im Stahlwerk, der Einfluss von Störungen aus der Umgebung auf die Messung minimiert werden muss. Im Folgenden werden zwei Methoden vorgestellt: Die Messung mit einer Differenzensonde und die Verwendung eines Wechselfeldes als Messfeld. Kapitel 5.2 zeigt die ersten Simulationen und die

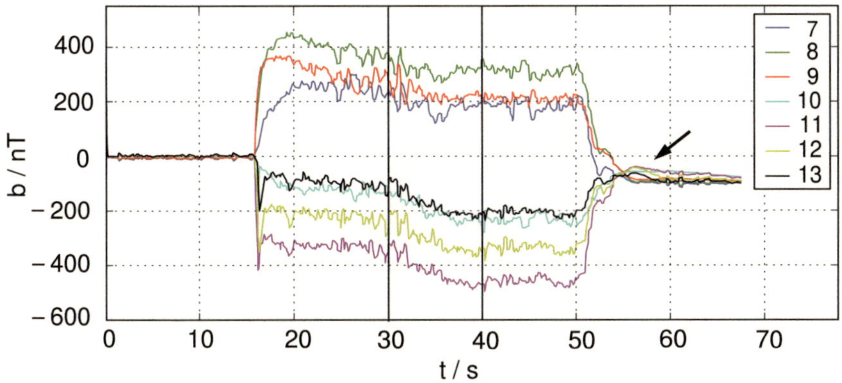

Abbildung 5.2: Einschalten von 4 kA durch ein Kupferrohr in 20 m Entfernung zur Mini-LIMMCAST-Anlage im Zeitintervall zwischen 30 s und 40 s

erste Messung der Differenz des induzierten Magnetfeldes. Die für die Messung notwendige Erweiterung der Integralgleichung wurde bereits in Kapitel 3.3 dargelegt. Bei der Messung des Gradienten wird ausgenutzt, dass Magnetfelder von weiter entfernten Quellen in der Umgebung einen deutlich kleineren Gradienten besitzen, als das durch die Strömung induzierte Magnetfeld.

Im darauffolgenden Kapitel 5.3 werden erste Messungen mit einem Wechselfeld mit der Frequenz von 1 Hz präsentiert. Die nötige Bearbeitung der Messdaten für die Rekonstruktion wurden bereits in Kapitel 3.4 dargelegt. Durch den Einsatz eines Wechselfeldes mit einer festen Frequenz f können Störungen, die nicht die gleiche Frequenz f besitzen, aus dem Messsignal herausgefiltert werden. Zudem erlaubt die Verwendung eines Wechselfeldes den Einsatz von Induktionsspulen zur Messung des induzierten Magnetfeldes, die den Vorteil besitzen, nicht durch starke statische Magnetfelder übersteuert zu werden.

5.2 Gradiometrische Messung

Als erster Schritt für eine Messung mit einer Gradientensonde wurde analog zur Vorgehensweise in Kapitel 4.4 zuerst die Differenz der induzierten Magnetfelder entlang der Schmalseite simuliert und daraus die Strömung rekonstruiert, um die Rekonstruktion zu validieren. Durch Einsetzen des simulierten Geschwindigkeitsfeldes $\mathbf{v}$ aus Kapitel 4.4 und des Magnetfeldes der großen Magnetfeldspule aus Kapitel 4.6 mit 30 A Stromstärke wurde die Differenz des induzierten Magnetfeldes in x-Richtung im Abstand $x = 40\,\mathrm{mm}$ zur Schmelze und einem Abstand $h = 20\,\mathrm{mm}$

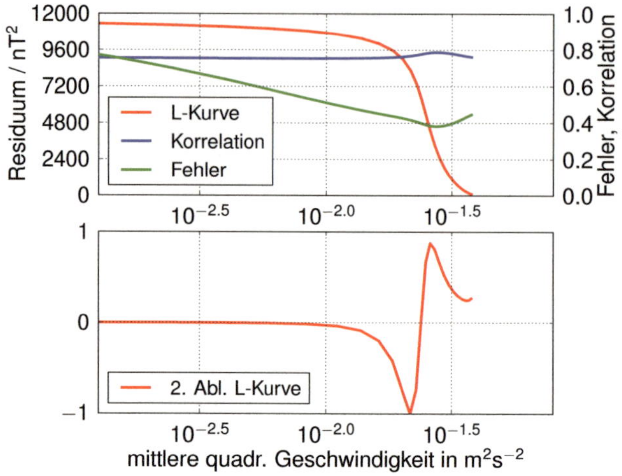

Abbildung 5.3: L-Kurve der Tikhonov-Regularisierung für die numerische Simulation einer Anordnung von 8 Gradientensensoren entlang beider Schmalseiten der Kokille mit dem Vergleich des rekonstruierten und des originalen Geschwindigkeitsfeldes

zwischen den beiden Sondenkomponenten simuliert.

Für die Rekonstruktion der Geschwindigkeit wurde die simulierte Differenz des induzierten Magnetfeldes an 8 Stellen entlang der Schmalseite der Kokille ausgewählt und daraus die Strömung rekonstruiert und mit der originalen Strömung verglichen. Abbildung 5.3 zeigt die L-Kurve dieser Rekonstruktion. Dabei ist klar erkennbar, dass sich gegenüber der Rekonstruktion in Kapitel 4.4 weder die Korrelation verschlechtert noch der quadratische Fehler vergrößert hat.

Zur Messung der Differenz der Magnetfelder an der Mini-LIMMCAST-Anlage wurde eine Fluxgate-Gradientensonde von Förster eingesetzt, die aus zwei im Abstand von 20 mm hintereinander liegenden Fluxgatesonden aufgebaut ist. Die Differenz des Magnetfeldes wird zwischen diesen beiden Sonden gemessen. Abbildung 5.4(a) zeigt ein Foto dieser Sonde. Um die Sonde zu verkürzen, wurde sie so umgebaut, dass der Stab direkt hinter den beiden Sondenkernen abgetrennt wurde, und die beiden Teile in eine neue Halterung eingebaut wurden, damit das Kabel nach oben weggeführt werden konnte. Diese Modifikation musste für die in Kapitel 6 beschriebene Messung an der Kristallzüchtungsanlage durchgeführt werden, da sonst die Gradientensonde nicht in den Spalt zwischen Anlage und Spule für das Messfeld gepasst hätte. Abbildung 5.4(b) zeigt ein Foto der umgebauten Sonde. An der Son-

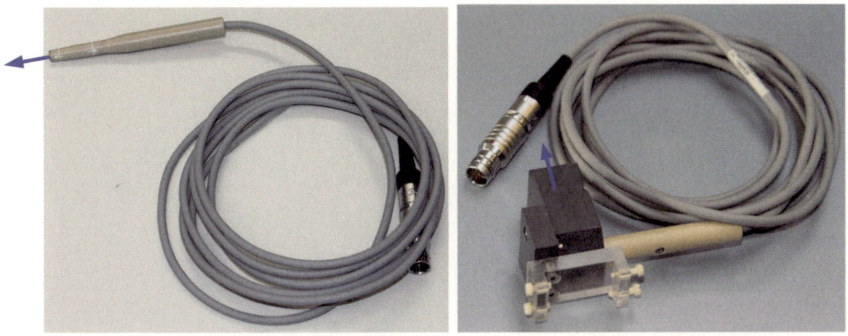

(a) Fluxgate-Gradientensensor (b) Umgebaute Version

Abbildung 5.4: Foto eines Fluxgate-Gradientensensors, die Messachse ist mit einem blauen Pfeil markiert

de ist bereits der Schlitten montiert, an dem sie an einer Führungsschiene vertikal entlang der Schmalseite der Kokille verschoben werden kann. Als Magnetfeldspule wurde die in Kapitel 4.6 neu entwickelte Spule auf der Position $z = 216\,\mathrm{mm}$ mit 30 A Stromstärke betrieben.

Die Differenz des induzierten Magnetfeldes wurde an 37 Positionen mit vertikalem Abstand von 5 mm entlang der Schmalseite der Kokille der Mini-LIMMCAST-Anlage gemessen. Analog zur Vorgehensweise in Kapitel 4.5 wurden an jeder Position 2-3 Messungen durchgeführt. Das Signal wurde mit einem Tiefpass-Besselfilter 4. Ordnung mit 10 Hz Grenzfrequenz gefiltert und in einem Zeitintervall über 5 Sekunden gemittelt, in dem die Strömung in der Kokille stabil war. Die gemessenen Magnetfelddifferenzen sind in Abbildung 5.5(a) mit der erwarteten, simulierten Differenz des induzierten Magnetfeldes verglichen. Wie man klar erkennen kann, stimmen die Messungen sehr gut mit der Simulation überein. Aus diesen 37 Messungen wurde ebenfalls das Geschwindigkeitsfeld in der Kokille rekonstruiert. Dabei wurde wieder vereinfachend angenommen, dass die Strömung in der Kokille symmetrisch ist, so dass die gemessene Differenz des induzierten Magnetfeldes auf die gegenüberliegende Schmalseite gespiegelt werden konnte. Das rekonstruierte Geschwindigkeitsfeld zeigt Abbildung 5.5(b). Vergleicht man dieses Geschwindigkeitsfeld mit dem in Abbildung 4.22 aus Kapitel 4.5 gezeigtem, dann stimmen diese Geschwindigkeitsfelder gut überein, weshalb das Geschwindigkeitsfeld auch aus der Messung der Differenz der induzierten Magnetfelder rekonstruiert werden kann.

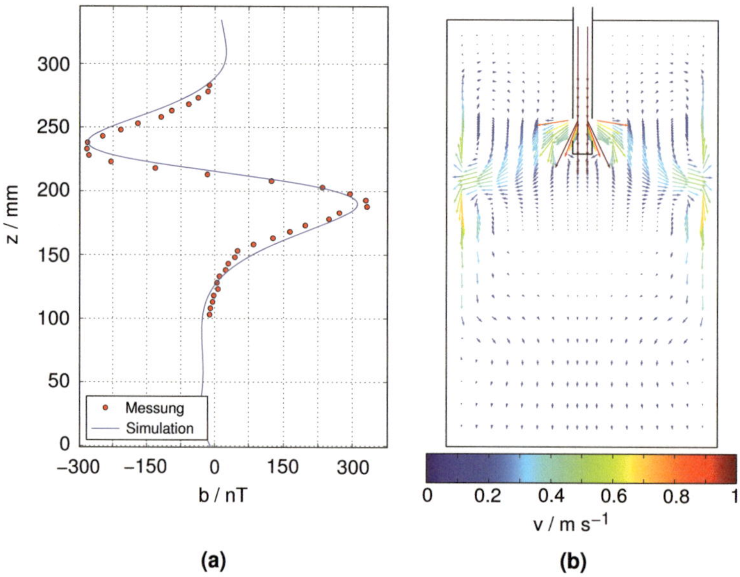

Abbildung 5.5: Messung der Magnetfelddifferenz entlang der Schmalseite der Kokille mit der Fluxgate-Gradientensonde (a) und das daraus rekonstruierte Geschwindigkeitsfeld (b)

5.3 Messung mit Wechselfeld als Messfeld

Eine weitere Möglichkeit, Störungen aus der Umgebung zu reduzieren, ist der Einsatz eines Wechselfeldes mit Frequenz f als Erregerfeld für die Messung des induzierten Magnetfeldes. Die Analyse der durch die Sensoren gemessenen Daten ist bereits in Kapitel 3.4 beschrieben. Bei der Wahl der Frequenz ist zu beachten, dass das Magnetfeld das Fluidvolumen weitgehend durchdringt und nicht nur, aufgrund des Skin-Effektes, in die wandnahen Gebiete der Schmelze eindringen kann. Die Skin-Tiefe δ für GaInSn ist entsprechend der Gleichung (3.4) für die Frequenz 1 Hz

$$\delta_{GaInSn} = 0.277\,\mathrm{m}\ . \tag{5.1}$$

Da die Kokille 35 mm dick ist, durchdringt das externe Magnetfeld das Fluid bei 1 Hz vollständig.

Als Spule für das Messfeld wurde die Spule aus Kapitel 4.6 verwendet, die von der bereits im Demonstrationsexperiment eingesetzten Stromquelle FM1295 versorgt wurde. Für die Messungen mit Fluxgatesonden wurde die Stromquelle mit einem Agilent 3320A Funktionsgenerator angesteuert und die Spule mit einem sinusför-

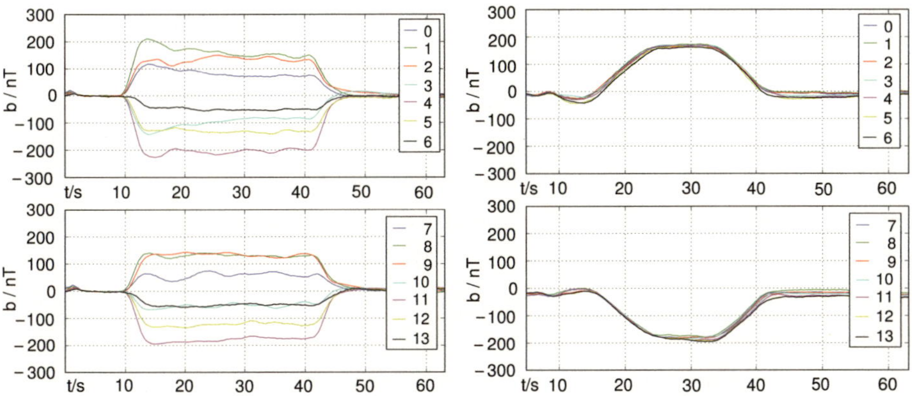

(a) Amplitude

(b) Konstantanteil

Abbildung 5.6: Messung mit einem Wechselfeld mit $f = 1\,\mathrm{Hz}$ mit je 7 Fluxgatesonden entlang beider Schmalseiten der Kokille für das gleiche Experiment wie in Abbildung 5.2, diesmal jedoch mit einem Strom der Stärke 8 kA

migen Signal mit 1 Hz und 30 A Amplitude betrieben. Die 7 Magnetfeldsonden an beiden Schmalseiten der Kokille waren in einen Abstand von 30 mm auf der linken Seite und in einem Abstand von 27 mm auf der rechten Seite von der Schmelze entfernt.

Um die Reduzierung des Störeinflusses durch Einsatz eines Wechselfeldes als Messfeld zu demonstrieren, wurde das Einschalten eines Stromes durch einen Kupferstab in 20 m Entfernung, dessen Störung bereits in Abbildung 5.2 gezeigt wurde, noch einmal wiederholt, wobei diesmal der Strom auf 8 kA erhöht wurde. Für diese Messung zeigt Abbildung 5.6(a) die gemessene Amplitude und Abbildung 5.6(b) den Konstantanteil für jeden Sensor. Betrachtet man den Verlauf der Amplituden (Abbildung 5.6(a)), dann entspricht dieser einem typischen störungsfreien Experiment. Nach Heben des Stopfens entwickelt sich die Doppelwirbel-Strömung, die bis zum Ende des Experiments stabil bleibt. Betrachtet man zusätzlich den zeitlichen Verlauf des Konstantanteils des gemessenen Magnetfeldes, dann erkennt man eine starke Änderung um fast 200 nT im Intervall zwischen $t = 15\,\mathrm{s}$ und $t = 40\,\mathrm{s}$, die auf das Einschalten des Stroms durch den Stab resultiert. Ebenso konnte gezeigt werden, dass das Öffnen der Schranktür und das Bewegen der Stühle keinen Einfluss auf den gemessenen Amplitudenverlauf hat. Somit eignet sich diese Methode sehr gut zur Filterung des durch die Strömung induzierten Magnetfeldes aus den Störfeldern der Umgebung.

Nach den erfolgreichen Messungen mit Fluxgatesonden folgten die ersten Messungen mit Induktionsspulen. Ihr Vorteil gegenüber den Fluxgatesonden ist ihre Unabhängigkeit von starken statischen Magnetfeldern, wie sie z. B. von magnetischen Bremsen erzeugt werden. Aufgrund der sehr kleinen zu messenden Amplitudendifferenzen von einigen 100 nT wird eine Induktionsspule benötigt, die auch bei 10 nT Amplitudendifferenz eine messbare Spannungsänderung im Bereich von µV liefert. Daher wurde als Erstes die Größe und Windungszahl der Induktionsspule unter der Bedingung abgeschätzt, dass bei einer Frequenz $f = 1\,\mathrm{Hz}$ und einer maximalen Amplitude von $b_0 = 10\,\mathrm{nT}$ eine Spannung von $u_{\max} = 5\,\mu\mathrm{V}$ erreicht wird. Für eine Anordnung mit 7 Spulen entlang der Schmalseite der Kokille, entsprechend der Konfiguration mit den Fluxgatesonden, darf der Durchmesser einer Induktionspule nicht größer als 30 mm sein. Berücksichtigt man, dass der Steg des Spulenkörpers einen minimal möglichen Durchmesser von 8 mm besitzen kann, ergibt sich als mittlerer Radius der Spule $r = 9.5\,\mathrm{mm}$. Die Windungszahl N berechnet sich entsprechend folgender Gleichung mit

$$N = -\frac{u_{\max}}{2 \cdot \pi^2 r^2 b_0 f} \approx 280\,000\,. \tag{5.2}$$

Aufgrund dieser sehr großen Windungszahl wurde eine Spule mit einem größeren Durchmesser mit $d = 38\,\mathrm{mm}$ und mit der Länge $l = 40\,\mathrm{mm}$ für die ersten Messungen gebaut, die bei einer Drahtdicke von 0.05 mm 192 000 Windungen besitzt. Entsprechend der Gleichung (5.2) liefert diese Spule für eine Amplitude $b_0 = 10\,\mathrm{nT}$ eine induzierte Spannung von 5 µV.

Da in dieser Induktionspule auch das Messfeld $\mathbf{B}_0$ eine Spannung erzeugt, die mindestens 10^4 mal größer als die zu messende Änderung der Amplitude ist, wird sowohl ein Verstärker als auch ein Analog-Digital-Wandler mit sehr geringem Rauschen und hohem Dynamikumfang benötigt. Deshalb wurde für die Messung ein DPLVA Vorverstärker der Firma Femto und zum Digitalisieren ein ADWIN System mit einem 18 Bit-AD-Wandler eingesetzt, der die Spannung der Induktionspule mit 20 kHz abtastete. Das ADWIN System wurde auch zur Steuerung der Stromquelle für die Spule, die das Messfeld erzeugt, herangezogen, da es sich bei Vorversuchen u. a. mit Lock-in Verstärkern herausgestellt hatte, dass eine zeitsynchrone und hochfrequente Abtastung nötig ist.

Analog zur Vorgehensweise bei der Messung der Magnetfelddifferenz, wie in Kapitel 5.2 beschrieben ist, wurde an den gleichen Schlitten die Induktionsspule montiert und die Spannung an der Induktionsspule an elf verschiedenen vertikalen Positionen gemessen. Dabei wurden an jeder Position drei Messungen durchgeführt. Abbildung

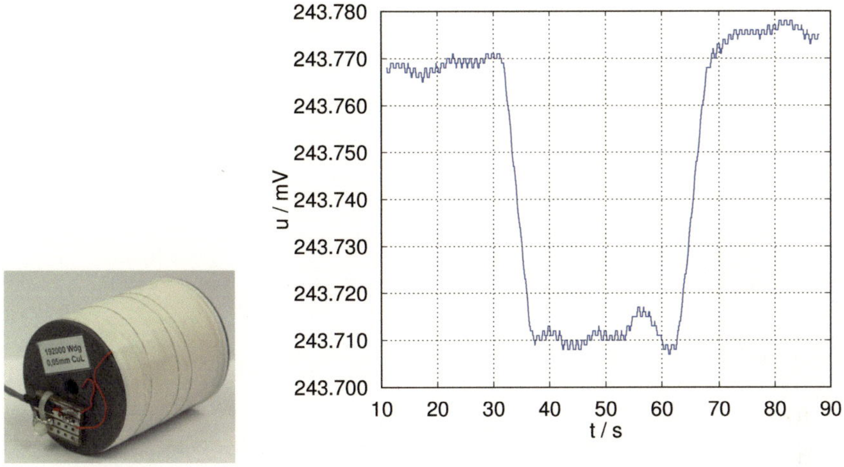

(a) Foto (b) Gemessene Spannung auf der vertikalen Position $z = 238\,\text{mm}$

Abbildung 5.7: Induktionspule mit 192 000 Windungen

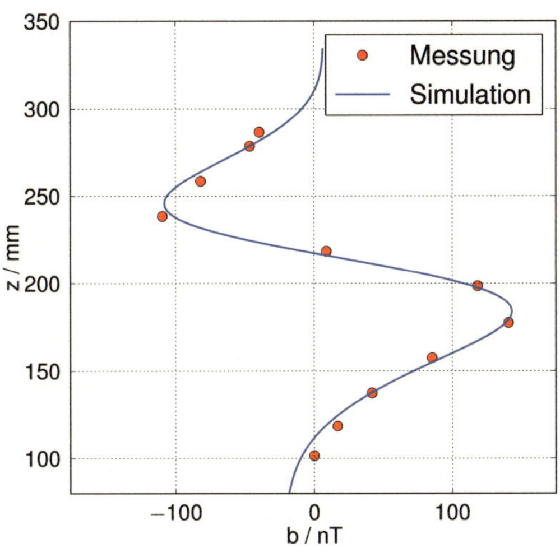

Abbildung 5.8: Das mit der Induktionspule mit 192 000 Windungen gemessene induzierte Magnetfeld an elf unterschiedlichen vertikalen Positionen, verglichen mit der Simulation

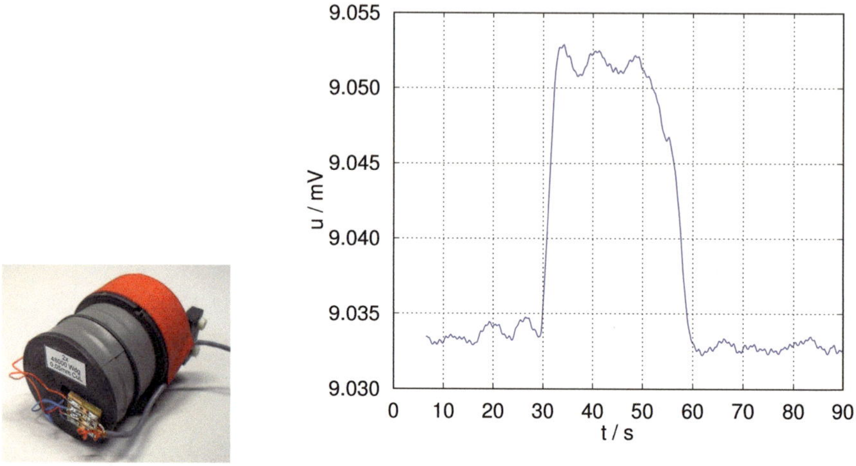

(a) Foto (b) Gemessene Spannung an der vertikalen Position $z = 205\,\mathrm{mm}$

Abbildung 5.9: Differenzspule mit $2 \times 48\,000$ Windungen

5.7 zeigt ein Foto der Induktionsspule und exemplarisch den Amplitudenverlauf der Spannung für eine Messung an der vertikalen Position $z = 238\,\mathrm{mm}$. Wie aus den ersten 30 Sekunden ersichtlich ist, induziert das Messfeld in der Induktionspule eine sinusförmige Spannung mit einer Amplitude von ca. $243.778\,\mathrm{mV}$. Dabei beträgt in diesem Intervall das Signalrauschen ca. $\pm 2\,\mu\mathrm{V}$, was zeigt, dass mit dieser Methode eine präzise Messung des durch die Schmelze induzierten Magnetfeldes möglich ist. Sobald GaInSn in die Kokille fließt, ändert sich die Amplitude um $-57\,\mu\mathrm{V}$. Aus dieser Messung wird deutlich, dass sowohl der eingesetzte Verstärker als auch der AD-Wandler einen Dynamikbereich von mindestens 10^5 besitzen müssen. Setzt man die gemessene Amplitudenänderung in die Gleichung (3.9) aus Kapitel 3.4 ein, ergibt sich bei dieser Messung ein induziertes Magnetfeld von $-106\,\mathrm{nT}$.

Für jede Messung wurde das Magnetfeld für ein Zeitintervall, in dem die Strömung in der Kokille stationär war, über $5\,\mathrm{s}$ gemittelt. Diese Messwerte wurden in Abbildung 5.8 mit der Simulation verglichen, wobei zu erkennen war, dass es eine sehr gute Übereinstimmung zwischen Simulation und Messung gibt.

Nach diesen erfolgreichen Messungen wurde eine kürzere Spule mit gleichem Durchmesser und 77 000 Windungen gebaut. Auch mit dieser Induktionsspule wurde an einigen ausgewählten Positionen entlang der Schmalseite der Kokille das induzierte Magnetfeld erfolgreich gemessen. Daher ist davon auszugehen, dass auch mit einer im Durchmesser kleineren Spule das induzierte Magnetfeld messbar ist,

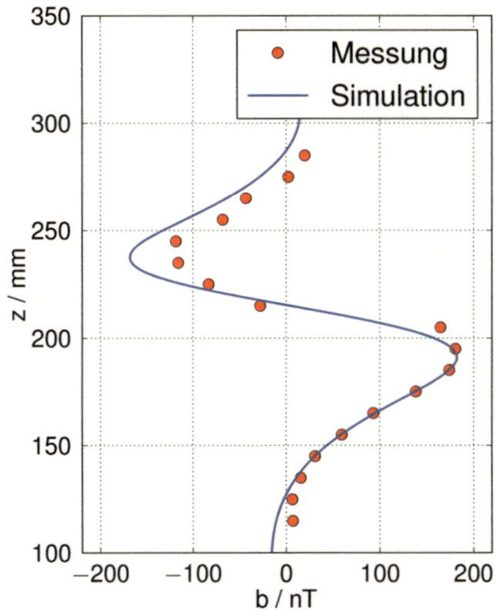

Abbildung 5.10: Die mit der Differenzspule mit 2 × 48 000 Windungen gemessene Differenz des induzierten Magnetfeldes an 18 unterschiedlichen vertikalen Positionen, verglichen mit der Simulation

so dass ein Messsystem mit sieben Sonden entlang der Schmalseite möglich ist.

Um die Vorteile der Messung mit einem Wechselfeld und der Messung einer Felddifferenz zu verbinden, wurde anschließend eine Differenzsonde mit gleichem Durchmesser und 2 × 48 000 Windungen gebaut. Der Abstand von Mitte zu Mitte der beiden Wicklungen beträgt 13 mm. Nachdem diese Sonde auf den vorhanden Schlitten montiert worden war, wurden Messungen an 18 unterschiedlichen vertikalen Positionen durchgeführt. Abbildung 5.9 zeigt ein Foto der Differenzspule und exemplarisch den Amplitudenverlauf der Spannung für eine Messung an der vertikalen Position $z = 205\,\mathrm{mm}$. Wie bereits bei der Spule mit 192 000 Windungen ist das Rauschen zu Beginn der Messung $\pm 1\,\mu\mathrm{V}$. Sobald GaInSn in die Kokille fließt, ändert sich die Amplitude um $20\,\mu\mathrm{V}$. Für jede Messung wurde das Magnetfeld über 5 s gemittelt und mit der Simulation der zu erwartenden Differenz verglichen, wie in Abbildung 5.10 gezeigt ist. Auch hier gibt es eine sehr gute Übereinstimmung zwischen Simulation und Messung.

5.4 Leitfähige Wände

Bisher war die Rekonstruktion der Geschwindigkeiten auf Gefäße mit isolierenden Wänden beschränkt. Beim kontinuierlichen Stahlgießen hingegen ist die Kokille aus Kupfer, das eine um mehr als eine Größenordnung höhere Leitfähigkeit als die Stahlschmelze besitzt. Sollte es während der Messung einen elektrischen Kontakt zwischen der Kokillenwand und der Stahlschmelze geben, können sich die induzierten Ströme auch über die Kokillenwand schließen. Um den Einfluss der leitfähigen Wände zu untersuchen, wurden auch erste Experimente und Simulationen mit der bereits in Kapitel 3.5 eingeführten Erweiterung des Integralgleichungssystems für leitfähige Wände an der Mini-LIMMCAST-Anlage durchgeführt. Um einen besonders starken Unterschied zwischen den Messungen mit isolierenden und leitfähigen Wänden zu erreichen, wurde als Material für die Wände Kupfer gewählt, dessen Leitfähigkeit mit $\sigma_{Cu} = 5.8 \times 10^7\,\Omega^{-1}\,\mathrm{m}^{-1}$ etwa 17-mal größer als die Leitfähigkeit von GaInSn ist. Dazu wurden Einsätze mit 1 mm und 3 mm Wandstärke aus Kupferblech, isoliertem Kupferblech und PVC hergestellt, die in die Kokille aus Plexiglas eingehängt werden können. Die PVC-Einsätze wurden für die Referenzmessung mit isolierenden Wänden verwendet, um die gleichen geometrischen Randbedingungen wie bei den Messungen mit Kupfereinsätzen zu erreichen. Um einen besonders guten Kontakt zwischen Kupfer und GaInSn zu erreichen, wurden die Kupfereinsätze vor den Experimenten mit GaInSn eingerieben. Da beim kontinuierlichen Stranggießen die Kokille mit einem gläsernen Schlackefilm überzogen ist und somit elektrisch isolierend gegenüber der Stahlschmelze ist, wurden Messungen mit den isolierten Kupfereinsätzen durchgeführt. Dabei stand die Fragestellung im Vordergrund, ob die in der Kupferwand induzierten Wirbelströme eine Auswirkung auf die Messung des induzierten Magnetfeldes haben.

Damit die Kokille nicht bei jedem Ein- und Ausbau der unterschiedlichen Einsätze vollständig demontiert werden muss, wurden nur 200 mm lange Einsätze hergestellt, die die Wand der Kokille nur im Bereich $130 \leq z \leq 330$ mm bedecken, was ausreicht, da im Bereich von $150 \leq 250$ mm der Strahl aus dem Tauchrohr den stärksten Strom induziert, wie in Abbildungen 4.13 und 4.15 in Kapitel 4.4 zu sehen ist. Abbildung 5.11 zeigt ein Foto aller verwendeten Einsätze.

Der Aufbau für die Messung des induzierten Magnetfeldes entspricht dem Aufbau mit 14 Sonden, der bereits in Kapitel 4.6 beschrieben wurde. Dabei hatten die Magnetfeldsonden einen unterschiedlichen Abstand zur Seitenwand: Die Fluxgatesonden auf der linken Seite waren 36 mm und auf der rechten 40 mm von der Schmelze entfernt. Für jeden Einsatz wurden jeweils drei Messungen durchgeführt

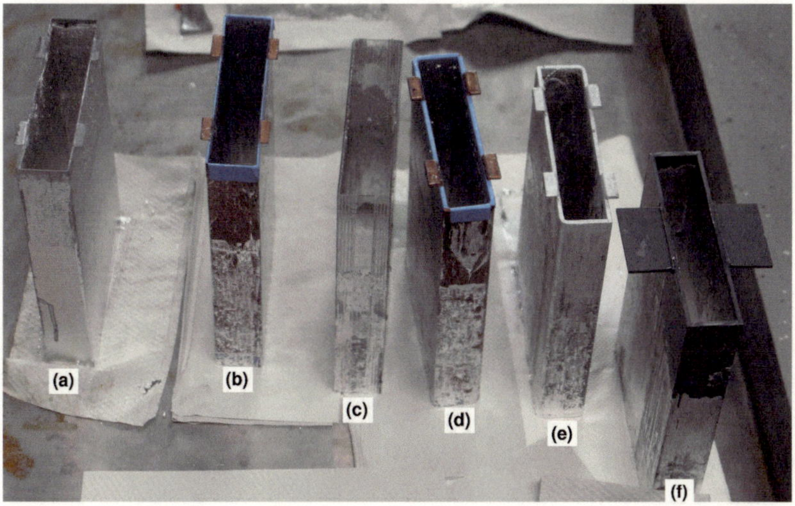

Abbildung 5.11: Foto der Einsätze mit 1 mm Wanddicke aus Kupfer (a), isoliertem Kupfer (b) und aus PVC (c); und die Einsätze mit 3 mm Wanddicke aus isoliertem Kupfer (d), Kupfer (e) und PVC (f)

und das Magnetfeld jeder Sonde nach Erreichen eines stationären Zustandes der Strömung für 5 Sekunden gemittelt.

Begleitend zur Messung wurde auch das induzierte Magnetfeld für die einzelnen Einsätze simuliert. Da die Einsätze in die Kokille gehängt wurden, hat sich auch das Volumen des Flüssigmetalls in der Kokille verringert. Daher mussten zuerst die Geschwindigkeitsfelder in der Kokille für die Einsätze mit 1 mm und 3 mm Wandstärke neu simuliert werden. Dazu wurde die gleiche CFD-Simulation wie in Kapitel 4.4 verwendet, jedoch mit den entsprechenden kleineren Kokillenabmessungen. Anschließend wurde das induzierte Magnetfeld mit Hilfe des in Kapitel 3.5 beschriebenen Integralsystems berechnet. Bei dieser Simulation wurde vereinfachend angenommen, dass die gesamte Kokille eine leitfähige Wand besitzt. Diese Vereinfachung ist aus dem Grund möglich, da die stärksten Ströme nur in der Region des aus den Tauchrohröffnungen strömenden Stahls erzeugt werden.

In Abbildung 5.12 sind die Messungen des induzierten Magnetfeldes an den sieben Sonden an jeder Schmalseite und das simulierte induzierte Magnetfeld für beide Seiten für die Einsätze mit 1 mm dicker Wand verglichen. Wie erwartet, sind die induzierten Magnetfelder für den PVC-Einsatz und den isolierten Kupfereinsatz weitgehend identisch und stimmen sehr gut mit der Simulation für isolierende Wände überein. Setzt man den Kupfereinsatz ein, dann ist das induzierte Magnetfeld um den Faktor 1.5 bis 2 stärker, was auf die Erhöhung des mittleren Gesamtleitwertes durch die Kupferwände zurückzuführen ist. Das simulierte induzierte Magnetfeld stimmt mit den gemessenen Werten gut überein. Für die Einsätze mit 3 mm dicker Kupferwand zeigt Abbildung 5.13 die Messung und das simulierte induzierte Magnetfeld. Wie erwartet, sind wieder die Messwerte für den PVC-Einsatz und den isolierten Kupfereinsatz identisch, wohingegen das induzierte Magnetfeld bei der Messung mit dem Kupfereinsatz etwa um den Faktor 3 stärker ist. Auch diese Verstärkung konnte in der Simulation nachgewiesen werden.

Die in diesem Kapitel beschriebenen Experimente zeigen, dass sich der Effekt leitfähiger Wände mit der in Kapitel 3.5 eingeführten Erweiterung des Integralgleichungssystems sehr gut modellieren lässt. Dadurch ist es nun möglich, auch bei leitfähigen Wänden die Geschwindigkeiten mit CIFT zu rekonstruieren.

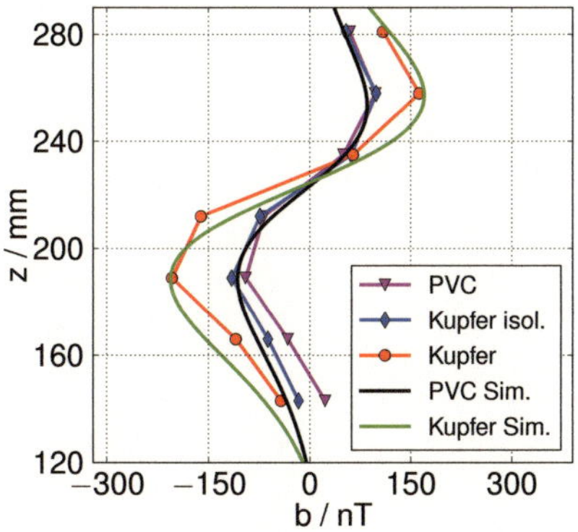

(a) Linke Schmalseite

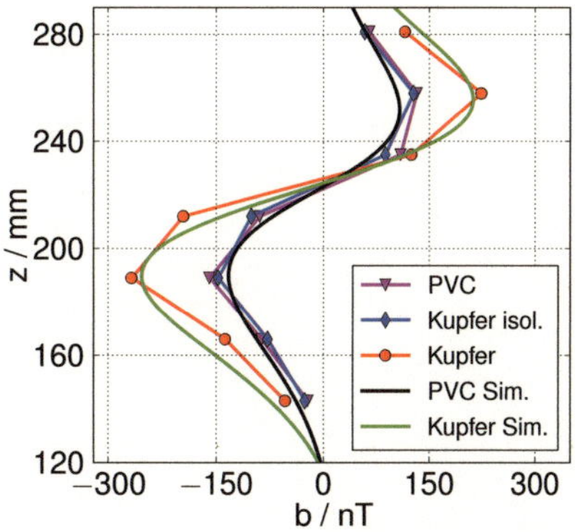

(b) Rechte Schmalseite

Abbildung 5.12: Simulation und Messung des induzierten Magnetfeldes für die Einsätze mit 1 mm dicker Wand

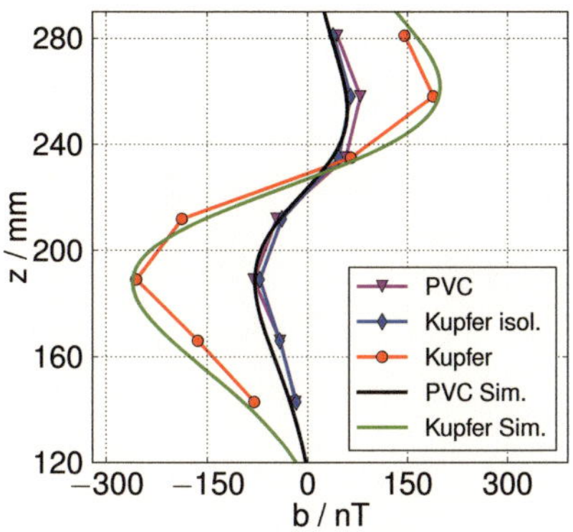

(a) Linke Schmalseite

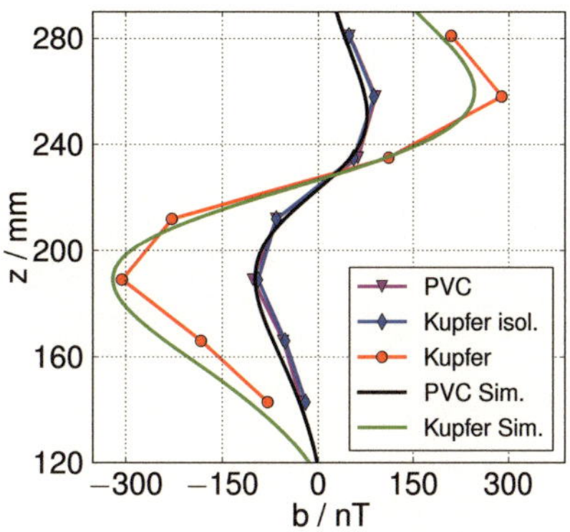

(b) Rechte Schmalseite

Abbildung 5.13: Simulation und Messung des induzierten Magnetfeldes für die Einsätze mit 3 mm dicker Wand

6 Czochralski-Kristallzüchtung

Das Czochralski-Verfahren dient zur Produktion von Einkristallen aus Halbleiter- und Metallschmelzen, das erstmalig 1916 vom polnischen Chemiker Jan Czochralski (1885-1953) entwickelt wurde. Dieses Verfahren kommt heutzutage hauptsächlich in der Halbleiterindustrie zur Produktion von Silizium-Einkristallen zum Einsatz, aus denen die Wafer für Halbleiterbauelemente, wie Prozessoren, Speicher und auch Solarzellen gewonnen werden. Die produzierten Kristalle sind bis zu drei Meter lang und haben einen Durchmesser von bis zu 450 mm. Dabei ist es besonders wichtig, Kristalle mit möglichst wenigen Defekten in der Kristallstruktur zu erzeugen, um eine hohe Integrationsdichte der Bauelemente auf den Chips zu ermöglichen. Denn an den Stellen auf dem Wafer, die Defekte in der Kristallstruktur z. B. durch Fremdatome aufweisen, sind die dort geätzten Bauelemente nicht funktionsfähig, was dazu führt, dass der gesamte zugehörige Chip ausgesondert werden muss.

Abbildung 6.1 zeigt eine Skizze der wichtigsten Komponenten einer Czochralski-Kristallzüchtungsanlage. In einem Quarztiegel wird hochreines polykristallines Silizium unter einer Schutzatmosphäre von Argon aufgeschmolzen. Hat die Schmelze eine Temperatur erreicht, die etwas über dem Schmelzpunkt liegt, wird in die Schmelze der Impfkristall (Impfling) eingetaucht. Nachdem das nur wenige Millimeter eingetauchte Ende des Impflings aufgeschmolzen ist, wird der Impfling langsam nach oben gezogen und der Kristall beginnt am Impfling zu wachsen. Durch Variation der Ziehgeschwindigkeit und der Temperatur kann der Durchmesser des Kristalls kontrolliert werden. Bei diesem Prozess rotiert sowohl der Impfling als auch der Tiegel mit der Schmelze, wodurch die Strömung der Schmelze im Tiegel stabil gehalten wird, so dass der Kristall versetzungsfrei wachsen kann. In Abbildung 6.1 skizzieren die schwarzen Pfeile die poloidale Strömung in der Schmelze, die durch Temperaturgradienten und die differentielle Rotation des Tiegels und des Kristalls entsteht. Die Strömung an der Erstarrungsfront, dem Meniskus ist von besonderer Bedeutung. Sie beeinflusst die Form der Erstarrungsfront und den Stofftransport dorthin und bestimmt die Ziehgeschwindigkeit und die Qualität des Kristalls. Zur Stabilisierung der Strömung im Tiegel werden häufig zusätzlich statische Magnetfelder eingesetzt [34].

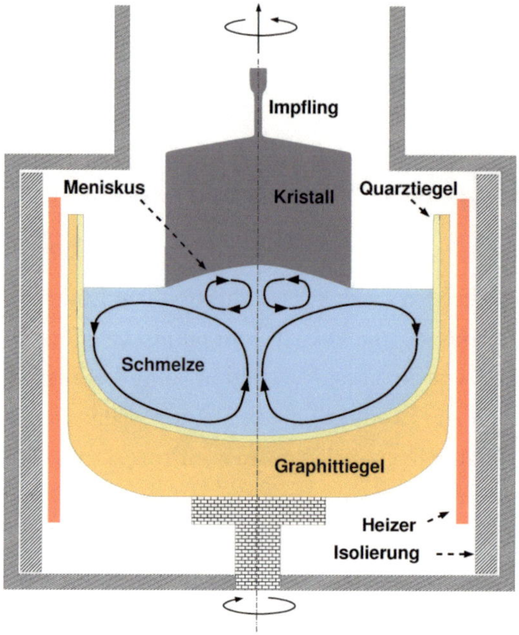

Abbildung 6.1: Skizze der wichtigsten Komponenten einer typischen Czochralski-Kristallzüchtungsanlage. Die für den Stofftransport wichtige Poloidalströmung ist durch die Pfeile angedeutet.

Die Strömung im Tiegel ist somit ein wichtiger Parameter für den Kristallzüchtungsprozess. Bisher wurde diese Strömung hauptsächlich durch numerische Simulationen untersucht, Messungen der Strömung dagegen sind selten, da sowohl die hohe Temperatur von ca. 1400 °C als auch die geforderte Reinheit der Schmelze die Messungen erschweren. Verfahren, die Streuteilchen benötigen, sind nur bedingt einsetzbar, da die Streuteilchen in der Schmelze das Ziehen eines Einkristalls überaus schwierig gestalten. Deshalb bietet sich für diese Anwendung die berührungslose Messung der Strömung mit CIFT an, weil dadurch im Prinzip ohne Eingriff in die Anlage eine Messung der dreidimensionalen Strömung im Schmelzbad ermöglicht wird.

In der im Folgenden beschriebenen Versuchsreihe standen zunächst die prinzipiellen Fragen im Vordergrund, ob das durch die Strömung induzierte Magnetfeld außerhalb einer Kristallzüchtungsanlage trotz des großen Abstandes von der Schmelze messbar ist und ob Störungen durch das Magnetfeld aus der Umgebung eine Messung zulassen. Im Vergleich zu den Magnetfeldmessungen am Demonstrationsexperiment und zu den Messungen an der Mini-LIMMCAST-Anlage lässt der große Abstand von über 200 mm zwischen Schmelze und Sonden das zu messende Magnetfeld sehr klein werden. Dieser große Abstand ergibt sich aus der Größe des Kessels der Ofenanlage, wie aus Abbildung 6.1 ersichtlich ist. Wollte man die Sonden näher an die Schmelze heranführen, müssten sie innerhalb des Kessels montiert werden und benötigten aufgrund der dort herrschenden Temperaturen von über 1400 °C eine zusätzliche Kühlung, was eine viel zu aufwändige Veränderung der Kristallzüchtungsanlage voraussetzte. Da zudem die poloidalen Geschwindigkeiten im Züchtungsprozess, die für den Stoff- und Wärmetransport wichtig sind, in der Größenordnung von wenigen $\mathrm{cm\,s^{-1}}$ liegen, erzeugen sie ein nur sehr schwaches induziertes Magnetfeld [34].

Für die ersten Testmessungen an einer Kristallzüchtungsanlage wurde lediglich ein Messfeld eingesetzt und das induzierte Magnetfeld nur an einer Position außerhalb der Anlage gemessen. Als Messfeld wurde ein rein axiales Magnetfeld eingesetzt, um das ausschließlich von der Poloidalströmung erzeugte induzierte Magnetfeld außerhalb der Anlage zu messen.

Vorbereitend für diese Messung wurde für ein analytisch vorgegebenes Geschwindigkeitsfeld das induzierte Magnetfeld außerhalb der Anlage simuliert, was in Kapitel 6.1 kurz beschrieben ist. Anschließend wurde eine Messung bei der Siltronic AG in Burghausen an einer Kristallzüchtungsanlage durchgeführt, in der erstmalig gezeigt werden konnte, dass trotz des großen Abstands der Sonde zur Schmelze in einer industriellen Umgebung das von der Strömung induzierte Magnetfeld detektierbar ist, was in Kapitel 6.2.2 beschrieben wird.

6.1 Berechnung des induzierten Magnetfeldes

Um die Stärke des induzierten Magnetfeldes entlang der Außenwand der Ofenanlage für ein axiales Messfeld abschätzen zu können, wurde das induzierte Magnetfeld für eine analytisch vorgegebene symmetrische poloidale Strömung mit maximal $|\mathbf{v}| = 70\,\mathrm{mm\,s^{-1}}$ berechnet, die sich in der Größenordnung der beim Züchtungsprozess zu erwartenden Geschwindigkeiten befindet [34]. Für einen typischen Prozess wurde das Schmelzevolumen durch einen Zylinder mit Radius $R_{Tiegel} = 341\,\mathrm{mm}$ und Höhe $H_{Schmelze} = 285\,\mathrm{mm}$ approximiert. Als Geschwindigkeitsfeld für die Simulation wurde das bereits in Kapitel 2.3 in den Gleichungen (2.75)-(2.77) beschriebene Geschwindigkeitsfeld verwendet, wobei die Gewichtungsfaktoren $\omega_p = 0.49\,\mathrm{s^{-1}}$ und $\omega_t = 0\,\mathrm{s^{-1}}$ gewählt wurden, um ein rein poloidales Geschwindigkeitsfeld mit maximalem Geschwindigkeitsbetrag $|\mathbf{v}| \approx 70\,\mathrm{mm\,s^{-1}}$ zu erzeugen. Als Messfeld

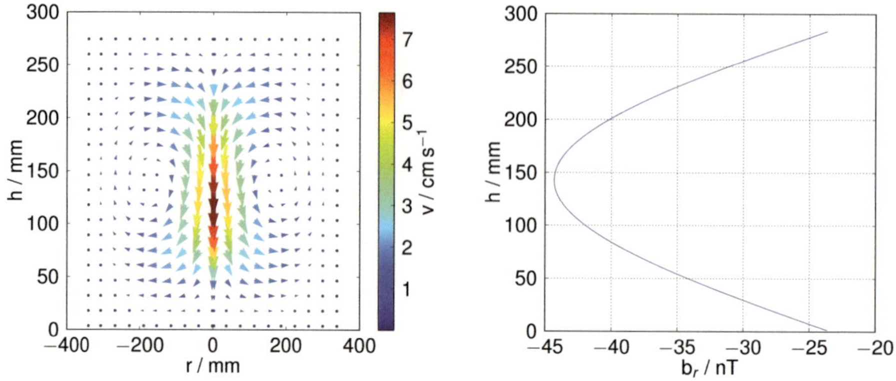

(a) Poloidales axialsymmetrisches Geschwindigkeitsfeld

(b) Simuliertes induziertes Magnetfeld $b_r(z)$ mit Abstand 230 mm zur Schmelze

Abbildung 6.2: Simulation des induzierten Magnetfeldes für ein poloidales axialsymmetrisches Geschwindigkeitsfeld unter Einfluss eines axialen Erregerfeldes von 1 mT Stärke

wurde ein homogenes axiales Feld mit der Stärke 1 mT eingesetzt, was etwa dem stärksten Messfeld entspricht, das bei Einsatz von Fluxgatesonden möglich ist.

Für das induzierte Magnetfeld wurde nur die Komponente b_r entlang einer Linie in einem Abstand von 230 mm berechnet. In Abbildung 6.2(a) ist das Geschwindigkeitsfeld und in Abbildung 6.2(b) die Komponente b_r des induzierten Magnetfeldes über die Höhe z aufgetragen. Aus dem maximalen induzierten Magnetfeld von 45 nT ergibt sich ein Verhältnis zwischen induziertem und angelegtem Magnetfeld von

$$\frac{b}{B_0} = 5 \cdot 10^{-5} \,. \tag{6.1}$$

Im Prinzip lässt sich dieses sehr kleine induzierte Magnetfeld mit den bereits bei den Experimenten an der Mini-LIMMCAST-Anlage eingesetzen Fluxgatesonden verlässlich messen. Es muss jedoch gewährleistet sein, dass bei einer Messung mit einem statischen Messfeld nur sehr geringe Schwankungen im Umgebungsmagnetfeld vorhanden sind. Aus diesem Grund wurden auch Messungen mit einem Wechselfeld als Messfeld geplant und durchgeführt, da dadurch Störungen, die durch das Umgebungsmagnetfeld entstehen, herausgefiltert werden können (siehe dazu Kapitel 3.4).

6.2 Messungen an einer Ziehanlage bei der Siltronic AG

Bei der Siltronic AG in Burghausen wurden die ersten Messungen des induzierten Magnetfeldes an einer Kristallzüchtungsanlage durchgeführt, die für die Forschung eingesetzt wird. Als Erstes stellte sich die Aufgabe, die Stärke und die Veränderung des Magnetfeldes zu bestimmen, das sich aus Magnetfeldquellen in der Umgebung, wie z. B. Schaltschränken sowie benachbarten Züchtungsanlagen, und aus Magnetfeldquellen in der Anlage selbst, wie z. B. Heizer, zusammensetzt. Hierbei sind zudem auch Magnetfeldverzerrungen zu berücksichtigen, die durch sich bewegende magnetische Komponenten entstehen können. Daher wurde in einer ersten Versuchsreihe das Magnetfeld an einer Kristallzüchtungsanlage in der Ziehhalle gemessen, um die Einflüsse der Heizer und der sich bewegenden Komponenten, wie dem Tiegel und der Kristallhalterung, an der später der Kristall aus der Schmelze gezogen wird, zu untersuchen. Diese vorbereitende Messung ist in Kapitel 6.2.1 kurz beschrieben. Es zeigte sich, dass das Umgebungsmagnetfeld sehr stabil war, weshalb zu erwarten war, dass eine Messung des induzierten Magnetfeldes für CIFT prinzipiell möglich ist.

In der sich anschließenden Versuchsreihe wurde vor Beginn des Kristallziehens die Rotationsrichtung des Tiegels mit der Schmelze geändert, um starke Sekundärströmungen zu erzeugen, deren induziertes Magnetfeld unter Einfluss eines axialen Messfeldes außerhalb der Schmelze gemessen werden sollte. Kapitel 6.2.2 beschreibt die Ergebnisse dieser Versuche.

6.2.1 Vorbereitende Messung

Für die vorbereitende Messung des Umgebungsmagnetfeldes wurden an einer Züchtungsanlage eine 3D-Fluxgate Sonde, die die Magnetfeldkomponenten b_r, b_φ und b_z misst, und eine Fluxgate-Gradientensonde, die die Differenz b_{Gr} in radialer Richtung von b_r misst, auf die Abdeckung des Magneten seitlich des Ofens gelegt. Abbildung 6.3 zeigt schematisch die Anlage und die Position der beiden Sonden.

Als erste Messung wurden die Fluktuationen des Magnetfeldes in der Ziehhalle über zwei Minuten gemessen. Dabei ergab sich ein maximales Rauschen der Magnetfeldkomponente b_r von $\pm 7.6\,\mathrm{nT}$ und der Differenz in radialer Richtung b_{Gr} von $\pm 1.9\,\mathrm{nT}$. Dieses sehr stabile Umgebungsmagnetfeld ist eine gute Voraussetzung für den Einsatz von CIFT.

Anschließend wurde das Magnetfeld der Heizer der Kristallzüchtungsanlage ge-

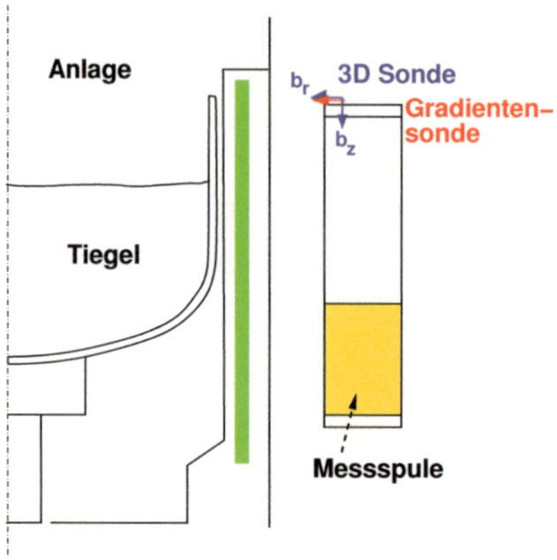

Abbildung 6.3: Anordnung der Sonden für die vorbereitende Messung

messen. Wie zu erwarten war, erzeugten die Heizer ein sehr starkes Magnetfeld, weshalb ursprünglich geplant war, zur Messung des induzierten Magnetfeldes für die Dauer von einigen Sekunden alle Heizer auszuschalten. Es zeigte sich aber, dass aufgrund der sehr stabilen Stromversorgung der Heizer die Möglichkeit besteht, das induzierte Magnetfeld auch bei aktiven Heizern zu messen. Wie vorher wurden über einen Zeitraum von zwei Minuten die Fluktuationen bestimmt. Für b_r und b_{Gr} ergaben sich Fluktuationen von $\pm 36\,\mathrm{nT}$ und von $\pm 0.4\,\mathrm{nT}$.

Im dritten Schritt wurde der Einfluss der Rotation und der vertikalen Bewegung des Tiegels und der Kristallhalterung auf das Magnetfeld untersucht. Dabei ergab sich, dass die Rotation des Tiegels keinen, dagegen die vertikale Positionsänderung von 100 mm einen großen Einfluss auf das Magnetfeld hatte. Bei der Kristallhalterung stelle sich heraus, dass sie offenbar leicht magnetisch war, da sowohl ihre Rotation als auch ihre vertikale Bewegung deutlich in der Messung des Magnetfeldes erkennbar war. Bei der Messung des induzierten Magnetfeldes für CIFT sind diese Effekte zu berücksichtigen.

Im abschließenden Schritt wurde das Spulensystem getestet, das das Messfeld für CIFT erzeugt. Dieses Spulensystem wird normalerweise für ein Magnetfeld zur Stabilisierung der Schmelze eingesetzt und dabei mit mehreren 100 A betrieben, während dagegen für das vergleichsweise kleine Messfeld bei CIFT ein Strom von nur wenigen Ampere benötigt wird. Weil die vorhandenen Stromversorgungen für diese kleinen Ströme nicht stabil genug waren, wird für die Messung des induzierten Magnetfeldes die Stromversorgung FM1295 eingesetzt.

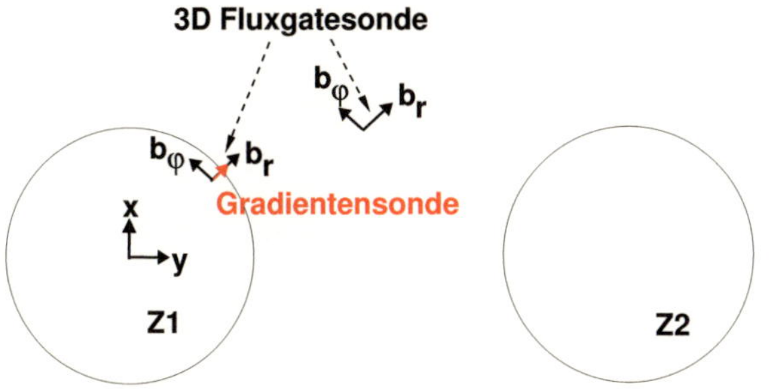

Abbildung 6.4: Position der Fluxgatesonden an der Kristallzüchtungsanlage Z1

6.2.2 Versuchsreihe an einer im Betrieb befindlichen Anlage

Wie bei den Vorversuchen, bei denen noch keine Schmelze im Tiegel war, wurde zur Messung des Magnetfeldes, das durch die Strömung des flüssigen Silizium im Tiegel induziert wird, eine 3D-Fluxgatesonde und eine Fluxgate-Gradientensonde eingesetzt. Auf den Boden der Halle wurde zusätzlich in einiger Entfernung eine weitere 3D-Fluxgatesonde gestellt, um das Umgebungsmagnetfeld zu detektieren. Abbildung 6.4 zeigt die räumliche Aufstellung der Sonden in der Züchtungshalle, wobei die Experimente an der Anlage Z1 durchgeführt wurden. Die benachbarte Anlage Z2 war ebenfalls in Betrieb.

Die 3D-Sonde und die Gradientensonde wurden im Spalt zwischen den Magnetfeldspulen und dem Druckgefäß der Züchtungsanlage montiert, damit ihr Abstand zum flüssigen Silizium so gering wie möglich war. Eine Skizze der Anordnung der Sonden ist in Abbildung 6.5(a) zu sehen. Da die Raumverhältnisse in diesem Spalt sehr beengt sind und auch der Einbau der Sonden in diesen Spalt nur über ein sehr kleines Loch möglich ist, wurde zunächst ein 1:1 Modell dieses Teils der Anlage aufgebaut, um eine passende Halterung zu konstruieren. Der 3D-Sensor wurde mit Hilfe einer Edelstahlkonstruktion an die Spule geklemmt. Abbildung 6.5(b) zeigt ein Foto des Modells, an dem die Halterung mit der 3D- und der Gradientensonde montiert ist. Die Halterung ist oben zerlegbar, um sie leichter in das Loch einfädeln zu können.

Am Ende der Halterung wurde die 3D Sonde montiert, darunter wurde die in radialer Richtung ausgerichtete Gradientensonde platziert. Die Ausrichtung der Sonden an der Kristallzüchtungsanlage bei der Siltronic AG in Burghausen ist in Abbildung 6.4 dargestellt. Ein Foto der an der Halterung montierten 3D-Fluxgatesonde zeigt 6.6(a). Da die vorhandene Gradientensonde zu lang war, um in den Spalt zu passen, wurde sie eingekürzt und das Kabel nach oben weggeführt. Die-

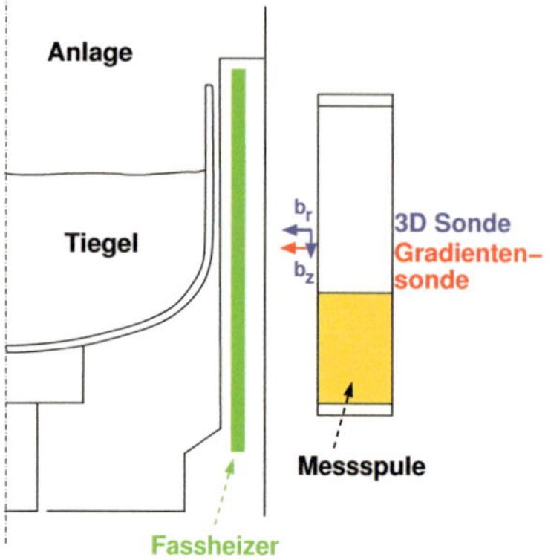

(a) Anordnung der Magnetfeldsonden, der Spule zur Erzeugung des Messfeldes, des Fassheizers und des Tiegels in der Anlage

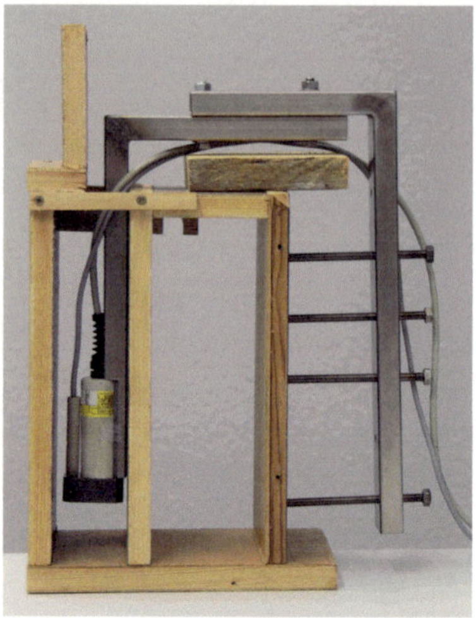

(b) Sondenhalterung am Modell

Abbildung 6.5: Anordnung der Sonden für die Versuchsreihe mit Rotationsumkehr

se umgebaute Gradientensonde ist in Abbildung 6.6(b) an der 3D-Fluxgatesonde angeklebt. Da die Sonden sehr nah an der Anlage platziert sind, wurde vorsichtshalber auch die Temperatur an den Sonden während der Versuche gemessen. Bei allen Messungen zeigte sich, dass die Temperatur sehr stabil bei ca. 30 °C lag, so dass keine Temperaturkompensation nötig war.

Aus schaltungstechnischen Gründen wurde vom Spulensystem an der Züchtungsanlage nur der untere Spulenteil verwendet, wie in Abbildung 6.5(a) zu sehen ist. Dazu wurde diese Spule an den hochpräzisen Verstärker FM1295 angeschlossen, der von einem Agilent 3320A Frequenzgenerator gesteuert wurde, so dass sowohl ein Gleich- als auch ein Wechselfeld erzeugt werden konnte. Mit einer Stromzange von Tektronix und simultan dazu mit einem 0.01 Ω Messwiderstand vom Typ PBV von ISA-PLAN wurde der Strom durch die Spule gemessen.

Nach Montage der Sonden an der Kristallzüchtungsanlage wurde bei aktiven Heizern durch eine Messung festgestellt, dass die Stromstärke von 10 A für die Messspule nicht überschritten werden darf, damit die Fluxgatesonden nicht übersteuern. Bei dieser niedrigen Stromstärke betrug das Magnetfeld der Erregerspule im Zentrum des Tiegels nur 0.5 mT und war nur halb so groß wie eigentlich gewünscht. Bisher wurde davon ausgegangen, dass ein Messfeld mit etwa 1 mT Stärke möglich wä-

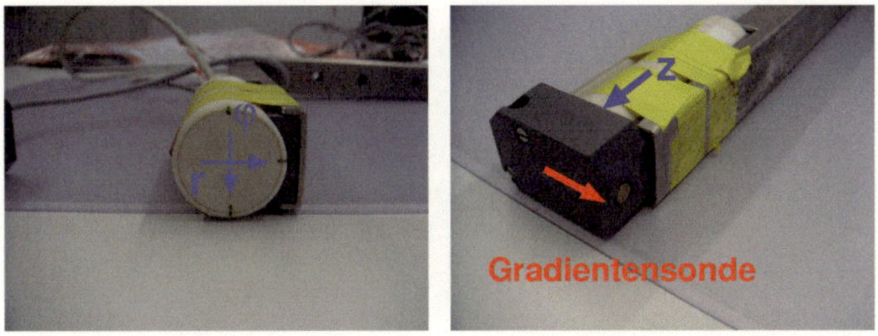

(a) 3D-Fluxgatesonde (b) Gradientensonde

Abbildung 6.6: Detailaufnahme der Sondenhalterung

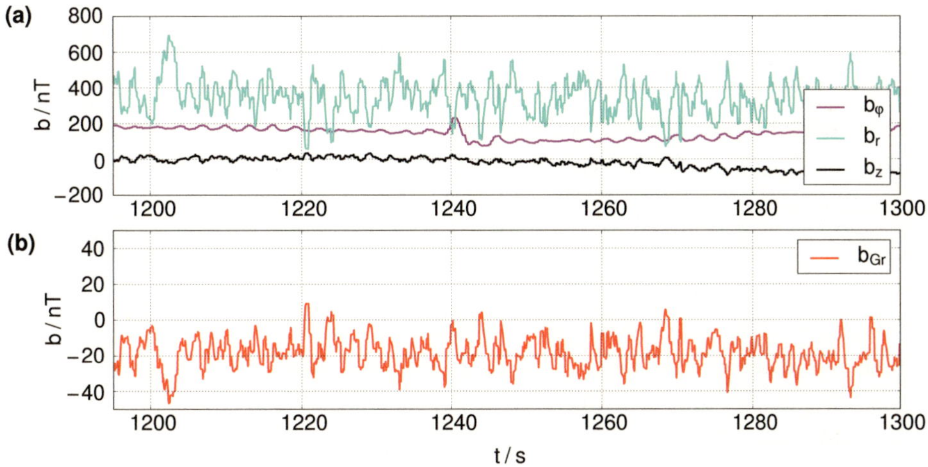

Abbildung 6.7: Messung der vom Fassheizer erzeugten Magnetfeldkomponenten b_r, b_φ, b_z und der erzeugten Magnetfelddifferenz b_{Gr}

re, da die Fluxgatesonden erst bei 1.2 mT übersteuern. Dieses unerwartet niedrige Messfeld ergibt sich daraus, dass die Magnetfeldsonden sehr nah über der Erregerspule montiert sind, und sich das Magnetfeld der Spule und die Magnetfelder der Heizer addieren. Erschwerend kommt hinzu, dass die Fluxgatesonden wegen der eingeschränkten Zugänglichkeit nicht an optimaler Stelle positioniert werden konnten, wo das Magnetfeld des Fassheizers in radialer Richtung minimal ist.

Wie Abbildung 6.7 zeigt, ist das durch den Fassheizer erzeugte Magnetfeld relativ stabil, alleine die Komponente b_r hat ein Rauschen von etwa 140 nT. Somit können Messungen des induzierten Magnetfeldes auch mit aktiven Heizern durchgeführt werden. Das vom Fassheizer erzeugte Magnetfeld besitzt eine starke y-Komponente von mehreren mT im Tiegel und könnte daher auch als Messfeld für CIFT einge-

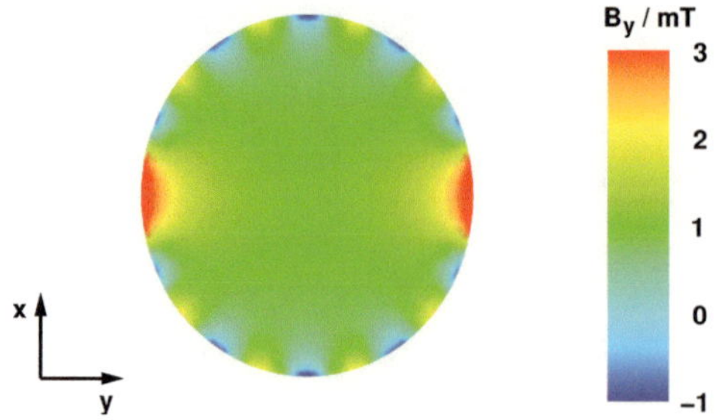

Abbildung 6.8: Simulation der Magnetfeldkomponente b_y des vom Fassheizer erzeugten Magnetfeldes in einem Querschnitt des Tiegels

setzt werden. In Abbildung 6.8 ist exemplarisch die Magnetfeldkomponente b_y des Fassheizers für einen Querschnitt des Tiegels gezeigt.

Für die im Folgenden beschriebenen Messungen wurden nur solche Zeitspannen ausgewählt, bei denen das Magnetfeld aus der Umgebung sehr stabil war. Bei der Auswahl wurde festgestellt, dass die meisten Störungen auf das Magnetsystem der nebenstehenden Anlage Z2 zurückzuführen waren, wohingegen die Magnetfelder der Heizer der Anlage Z2 nicht störten.

Das Ziel der Experimente war eine Messung des durch die Strömung der Schmelze induzierten Magnetfeldes. Da keine Nullmessung ohne Strömung durchführbar war, wurde durch Änderung der Rotationsrichtung des Tiegels eine Umkehrung der Strömung provoziert, was eine besonders starke Sekundärströmung erzeugt, die solange existent ist, bis sich die gesamte Schmelze an die neue Rotationsrichtung des Tiegels angepasst hat. Unter Einfluss des axialen Magnetfeldes sollte diese Sekundärströmung ein starkes Magnetfeld erzeugen, das außerhalb der Kristallzüchtungsanlage messbar ist. Diese Messungen wurden noch vor dem eigentlichen Kristallziehen durchgeführt.

Im Folgenden werden vier Messungen mit Rotationsumkehr vorgestellt: In der ersten Messung waren sowohl die Heizer als auch ein statisches Messfeld eingeschaltet. Es folgen zwei Messungen wobei entweder der Fassheizer oder nur das statische Messfeld angeschaltet war. Im letzten Experiment wurde ein Wechselfeld als Messfeld eingesetzt.

Rotationsänderung mit statischem Messfeld Beim ersten Experiment wurde bei einer Rotationsrate von 20 upm die Richtung zweimal geändert. Abbildung 6.9 zeigt die Prozessparameter und das gemessene Magnetfeld bei diesem Experiment. In Abbildung 6.9(a) sind die Rotation des Tiegels und die Oberflächentemperatur

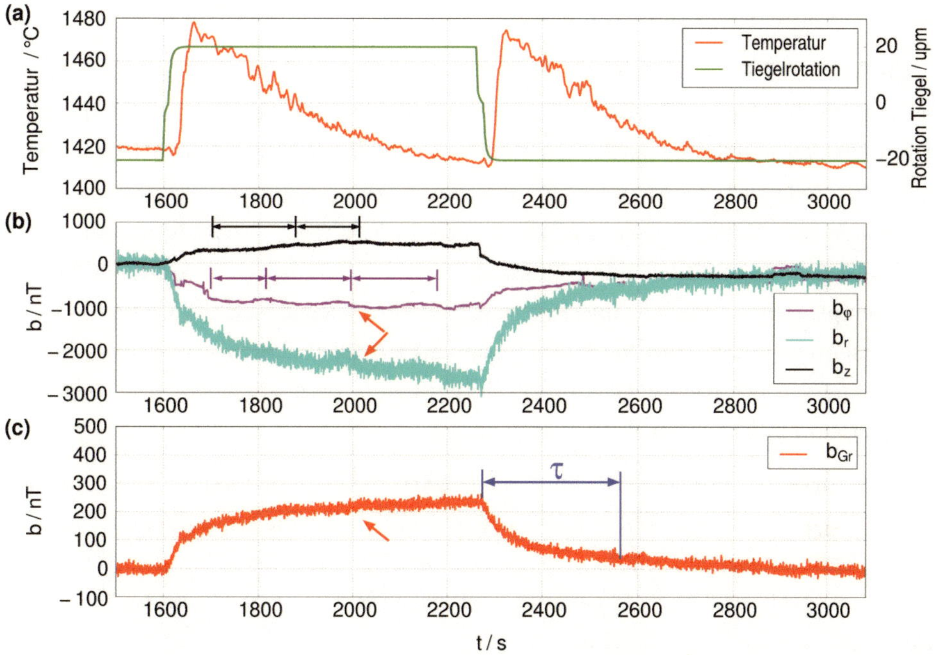

Abbildung 6.9: Die Prozessdaten Temperatur und Tiegelrotation (a), die Magnetfeldkomponente b_r, b_φ, b_z der 3D Sonde (b) und die gemessene Differenz b_{Gr} (c) für eine Messung mit Rotationsumkehr mit aktiven Heizern und mit einem statischen Messfeld von 0.5 mT, erzeugt durch die Spule außerhalb der Anlage

der Schmelze, die von einem Pyrometer gemessen wurde, dargestellt. Die Messdaten der 3D-Fluxgatesonde sind in Abbildung 6.9(b) und die Messdaten der Gradientensonde sind in Abbildung 6.9(c) gezeigt. Zum Zeitpunkt $t = 1600\,\mathrm{s}$ wurde die Richtung der Rotation des Tiegels geändert. Durch die Umkehr der Rotationsrichtung des Tiegels entsteht eine starke poloidale Sekundärströmung, die die Oberflächentemperatur zu Beginn stark ansteigen lässt. Die Oberflächentemperatur fällt dann langsam in der gleichen Weise, wie die Verringerung der Sekundärströmung im Tiegel auf die ursprüngliche Temperatur zurück. Ist die Ausgangstemperatur wieder erreicht, hat sich die Schmelze vollständig der neuen Rotationsrichtung angepasst, was ungefähr zum Zeitpunkt $t = 2200\,\mathrm{s}$ der Fall ist.

Sowohl die gemessene Magnetfeldkomponente b_r als auch die Differenz b_{Gr} zeigen nach der ersten Richtungsumkehr eine Änderung der Magnetfeldstärke von 0 bis zu etwa $-2500\,\mathrm{nT}$ bzw. bis zu etwa $-200\,\mathrm{nT}$. Wird anschließend die Rotationsrichtung zum Zeitpunkt $t = 2290\,\mathrm{s}$ wieder gewechselt, erreichen zum Zeitpunkt $t = 2800\,\mathrm{s}$ b_r

und b_{Gr} fast wieder 0 nT .

Dieses Signal kann eindeutig der Rotationskomponente der Strömung im Tiegel zugeordnet werden: Sofort nach Richtungswechsel des Tiegels beginnt sich die neue Drehrichtung durch die starke entstehende Sekundärströmung in die Mitte des Tiegels fortzupflanzen, bis sich die gesamte Schmelze an die neue Rotationsrichtung angepasst hat. Daher ändert sich das induzierte Feld nach Drehrichtungsänderung zunächst schnell und geht dann langsam in ein Plateau über. Sowohl die Oberflächentemperatur als auch b_r und b_{Gr} erreichen zur gleichen Zeit ihr Plateau. Durch den erneuten Richtungswechsel zum Zeitpunkt $t = 2290\,\mathrm{s}$ hat der Tiegel die gleiche Rotationsrichtung wie zu Beginn des Experiments, weshalb auch das gemessene Magnetfeld am Ende den Wert 0 erreicht.

Eine charakteristische Zeitspanne eines solchen Umkehrprozesses kann mit der „Spin-Up Zeit“ τ beschrieben werden [23]. Dabei wird für ein ruhendes Fluid in einem Zylinder angenommen, dass der zeitliche Verlauf der mittleren Rotationsgeschwindigkeit im Fluid $v(t)$ nach einsetzender Rotation der Zylinderwand zum Zeitpunkt $t = 0\,\mathrm{s}$ durch die Gleichung

$$v(t) = v_0 \cdot (1 - \mathrm{e}^{-2\frac{t}{\tau}}) \tag{6.2}$$

beschrieben werden kann. Die „Spin-Up Zeit“ τ lässt sich mit

$$\tau = \frac{H}{\sqrt{\nu\Omega}} \tag{6.3}$$

abschätzen [23], wobei H die Höhe des Zylinders, ν die kinematische Viskosität des Fluides und Ω die Rotationsrate des Zylinders ist. Setzt man die Höhe der Schmelze im Tiegel, die kinematische Viskosität von flüssigem Silizium $\nu = 3.3333 \times 10^{-7}\,\mathrm{m^2\,s^{-1}}$ und die Rotationsänderung von 40 upm ein, so erhält man eine „Spin-Up Zeit“ von

$$\tau = 241\,\mathrm{s}\,. \tag{6.4}$$

Diese Zeitspanne τ ist ebenfalls in der Magnetfeldkomponente b_r als auch in der Magnetfelddifferenz b_{Gr} zu identifizieren: Nachdem die Rotationsrichtung zum Zeitpunkt $t = 2290\,\mathrm{s}$ gewechselt wurde, fällt in einem Zeitintervall von 260 s die gemessene Magnetfelddifferenz von 240 nT auf 84 nT.

Als Besonderheit bei dieser Messung fällt auf, dass sich eine „wellenartige“ Änderung der b_φ-Komponente des gemessenen Magnetfeldes zeigt. Die zeitliche Länge einer solchen Welle wächst von anfänglich 125 s auf 175 s an. Dies könnten Signale

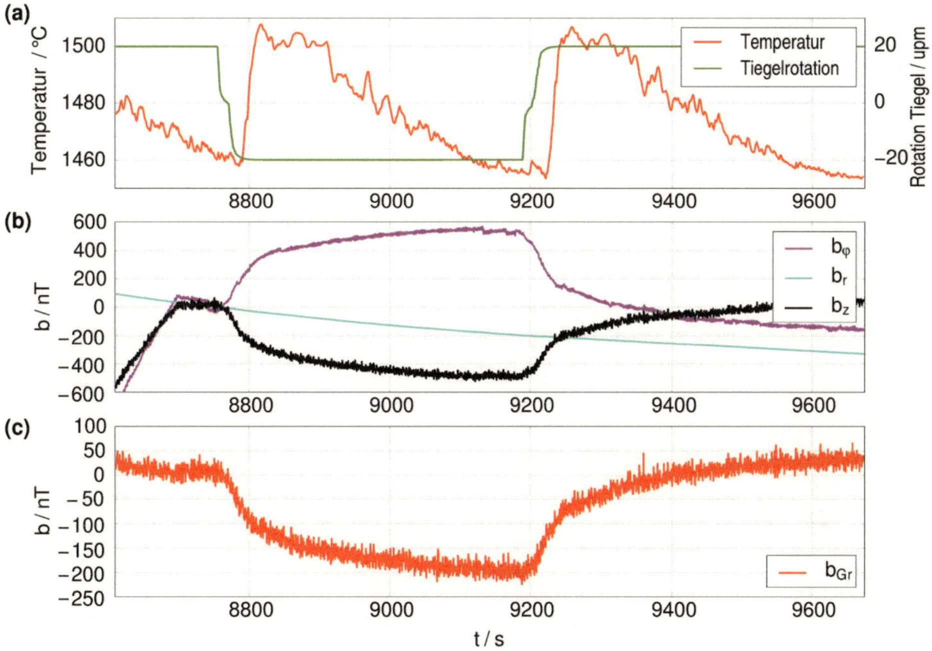

Abbildung 6.10: Die Prozessdaten Temperatur und Tiegelrotation (a), die Magnetfeldkomponente b_r, b_φ, b_z der 3D Sonde (b) und die gemessene Differenz b_{Gr} (c) für eine Messung mit Rotationsumkehr mit aktiven Heizern aber ohne statisches Messfeld

von Wirbeln sein, die sich an der Sonde vorbeibewegen. Zudem lässt sich ein leichter Knick in der radialen Komponente b_r und in der Felddifferenz b_{Gr} zum Zeitpunkt $t = 1975\,\mathrm{s}$ identifizieren.

Das hier gezeigte durch die Strömung induzierte Magnetfeld beinhaltet nicht nur Informationen über die Sekundärströmung sondern auch über die Rotation der Schmelze im Tiegel. Das legt die Vermutung nahe, dass das Messfeld nicht rein axial war, da nur beim Vorhandensein einer transversalen Komponente des Messfeldes die Rotation der Schmelze im Tiegel in das induzierte Magnetfeld eingeht. Diese transversale Komponente des Messfeldes kann nur vom Magnetfeld des Fassheizers erzeugt werden, weil sein Magnetfeld eine starke y-Komponente von mehreren mT besitzt, wie bereits in Abbildung 6.8 gezeigt wurde.

Rotationsänderung ohne Messfeld Diese Hypothese lässt sich mit einer Messung verifizieren, bei der das durch die Spule erzeugte Messfeld fehlt. Abbildung 6.10 zeigt das Magnetfeld für diese Messung. Bei Umkehr der Rotationsrichtung zum Zeitpunkt $t = 8780\,\mathrm{s}$ sieht man ein sehr ähnliches zeitliches Verhalten der Oberflächentemperatur und der gemessenen Magnetfelder, wobei die Komponente b_r der 3D-Sonde durch das Magnetfeld des Fassheizers übersteuert war. Interessanterweise sind bei dieser Messung keine wellenförmigen Änderungen der b_φ- und b_z-Komponente des Magnetfeldes sichtbar. Somit wird klar, dass hauptsächlich das Magnetfeld der Heizer die Quelle des gemessenen, von der Strömung induzierten Magnetfeldes ist.

Rotationsänderung mit statischem Messfeld und ausgeschalteten Heizern

Um den Einfluss der Heizer auf die Messung zu eliminieren, wurde auch eine Messung ohne Heizer durchgeführt. Dabei wurde die Spule für das Messfeld mit 8 A Gleichstrom betrieben. Da diese Messungen sehr empfindlich gegenüber Störungen aus der Umgebung sind, wird hier nur ein kurzer Ausschnitt gezeigt, bei dem das Umgebungsmagnetfeld sehr stabil war. Wie bei der vorausgegangenen Messung war die b_r Komponente der 3D-Sonde durch das Magnetfeld der Messspule übersteuert.

Bei dem in Abbildung 6.11 gezeigten Experiment wurde die Rotationsrichtung zweimal kurz hintereinander im Abstand von 100 s geändert. Dabei war im Vergleich zu den vorangegangenen Messungen die Messzeit auf ungefähr 250 s beschränkt, da die Heizer nicht länger ausgeschaltet bleiben durften, weil sich sonst auf der Oberfläche als Zeichen für das beginnende Einfrieren der Schmelze Kristalle gebildet hätten. Somit konnte nicht abgewartet werden, bis sich ein stationärer Zustand nach Rotationsumkehr in der Schmelze eingestellt hatte. Auch waren die gemessenen Magnetfeldänderungen nach Rotationsumkehr entschieden kleiner, da das Messfeld nur eine Stärke von 0.5 mT besaß.

Das von der Gradientensonde (Abbildung 6.11(c)) gemessene Magnetfeld zeigt direkt nach der ersten Rotationsumkehr zum Zeitpunkt $t = 1188\,\mathrm{s}$, markiert durch den roten Pfeil, eine deutliche Änderung. Zum gleichen Zeitpunkt beginnt auch die Oberflächentemperatur der Schmelze stark zu steigen, was beides ein Resultat der im Tiegel entstehenden Sekundärströmung ist. Die Magnetfeldkomponente b_φ hat einen stufenförmigen zeitlichen Verlauf: Bei der ersten Stufe zum Zeitpunkt $t = 11\,890\,\mathrm{s}$, markiert durch den blauen Pfeil, ändert sich das Magnetfeld um 100 nT und bei der zweiten Stufe zum Zeitpunkt $t = 21\,075\,\mathrm{s}$ beträgt die Magnetfeldänderung ca. 75 nT, wobei der zeitliche Abstand zwischen diesen beiden Stufen ca. 175 s beträgt. Auch schon bei der ersten Messung wurde ein ähnliches Zeitintervall bei der gleichen Komponente b_φ identifiziert, wie in Abbildung 6.9(b) zu sehen war.

Vergleicht man bei den letzten drei Experimenten die Änderung des Signals der Gradientensonde direkt nach Richtungsumkehr miteinander, kann der Beitrag des

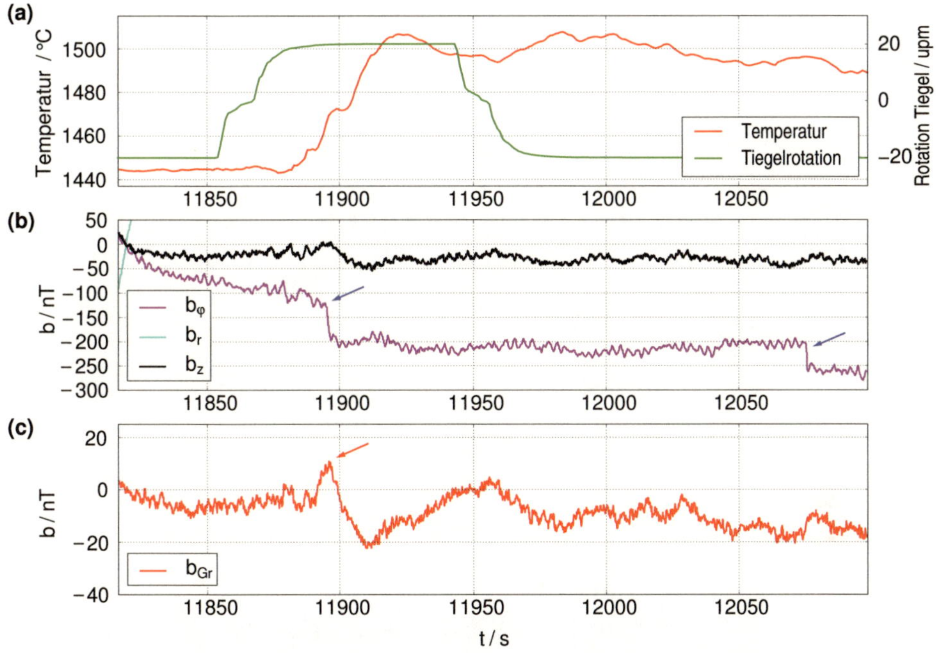

Abbildung 6.11: Die Prozessdaten Temperatur und Tiegelrotation (a), die Magnetfeldkomponente b_r, b_φ, b_z der 3D Sonde (b) und die gemessene Differenz b_{Gr} (c) für eine Messung mit Rotationsumkehr ohne Heizer mit einem statischen Messfeld von 0.5 mT, erzeugt durch die Spule außerhalb der Anlage

induzierten Magnetfeldes sichtbar gemacht werden, das unter Einfluss des axialen Messfeldes durch die poloidale Sekundärströmung erzeugt wurde, indem man bei den beiden vorangegangenen Experimenten das induzierte Magnetfeld, das durch die Rotationskomponente der Strömung erzeugt wurde, abzieht. In Abbildung 6.12 sind die Signale der Gradientensonde für alle drei Experimente dargestellt. Bei den beiden Experimenten in Abbildung 6.12(a) und 6.12(c), bei denen das axiale Messfeld eingeschaltet war, ist ein sehr ähnlicher Verlauf der Magnetfelddifferenz zu erkennen, während dagegen bei dem Experiment in Abbildung 6.12(b), bei dem das axiale Messfeld ausgeschaltet war, dieser Verlauf mit deutlich kleinerer Amplitude zu sehen ist. Daher kann man davon ausgehen, dass dieser typische Verlauf des Signals der Gradientensonde unter Einfluss des axialen Messfeldes durch die entstehende Poloidalströmung erzeugt wurde.

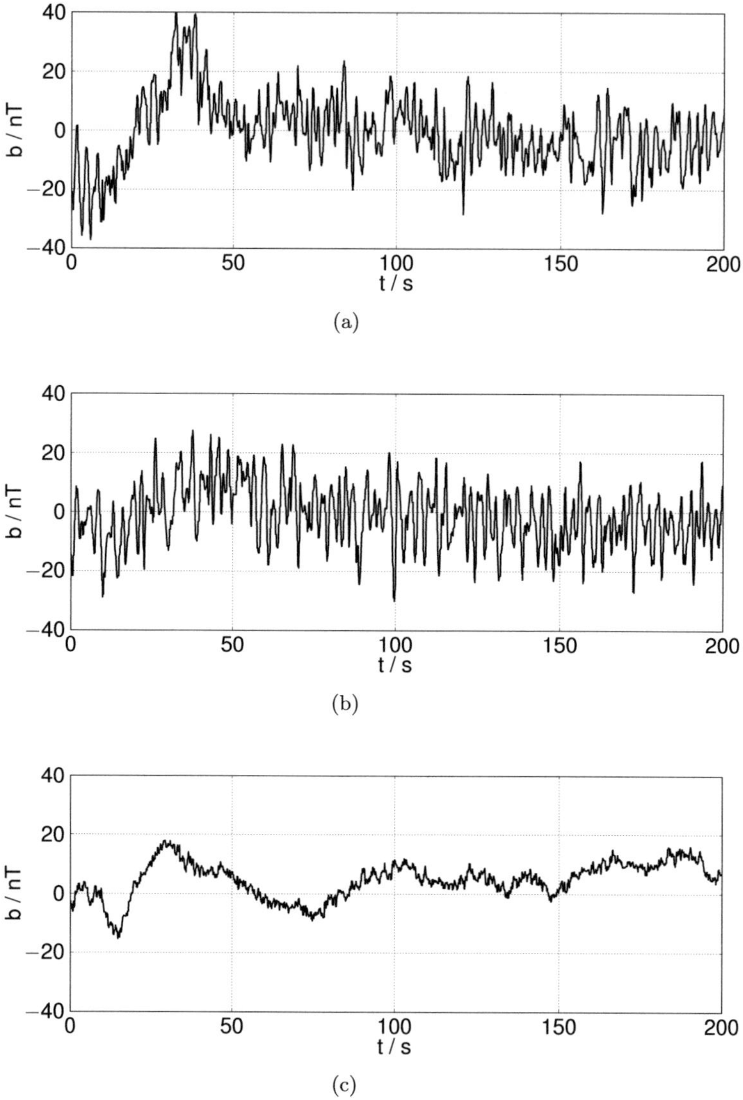

Abbildung 6.12: Das von der Gradientensonde gemessene Magnetfeld für die Experimente mit aktiven Heizern und Messfeld (a), mit aktiven Heizern und ohne Messfeld (b) und mit Messfeld aber ohne Heizer (c)

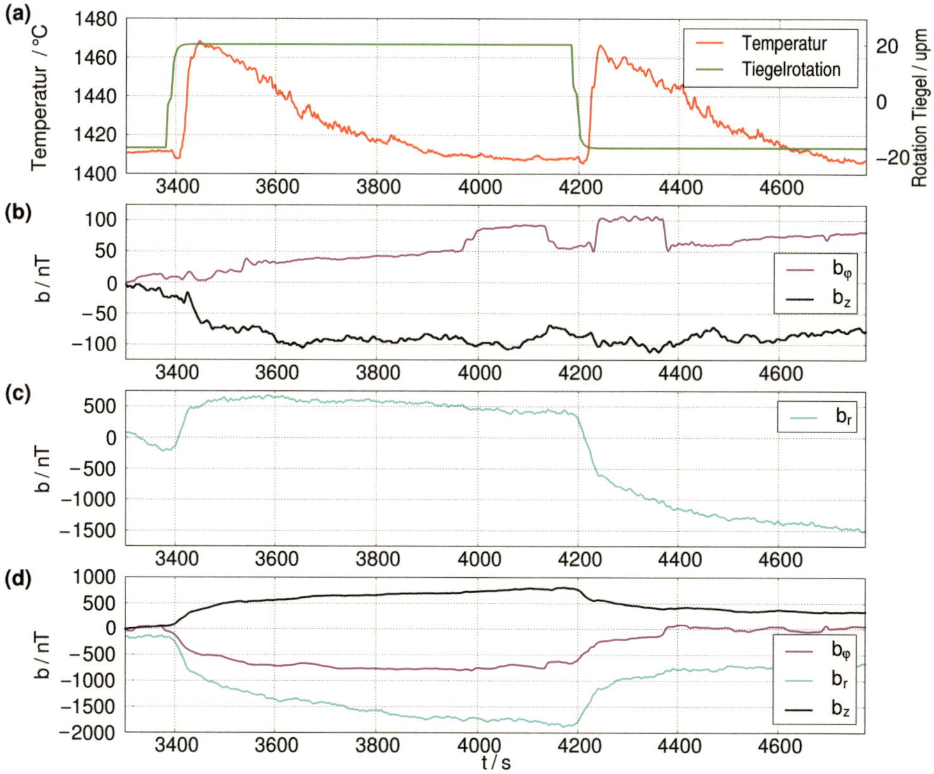

Abbildung 6.13: Die Prozessdaten Temperatur und Tiegelrotation (a), der zeitliche Verlauf der Amplitude der Magnetfeldkomponenten b_φ, b_z (b) und b_r (c) der 3D Sonde und der zeitliche Verlauf des Konstantanteils (d) der 3D Sonde für das Experiment mit Rotationsumkehr mit aktiven Heizern und einem Wechselfeld mit der Frequenz $f = 1\,\mathrm{Hz}$ der Stärke 0.5 mT, erzeugt durch die Spule außerhalb der Anlage

Rotationsänderung mit Wechselfeld als Messfeld Bei einem weiteren Experiment mit Rotationsumkehr wurde auch ein Wechselfeld als Messfeld mit einer Frequenz von 1 Hz eingesetzt. Durch den Einsatz eines Wechselfeldes lässt sich das induzierte Magnetfeld von den Störungen aus der Umgebung trennen. Die genaue Analyse der Messdaten ist in Kapitel 3.4 beschrieben.

In Abbildung 6.13 ist für das Magnetfeld an der 3D-Sonde sowohl der Zeitverlauf der Amplitude (Abbildung 6.13(b) und (c)) als auch der Zeitverlauf des Konstantanteils des Magnetfeldes (Abbildung 6.13(d)) gezeigt, die mit der Gleichung (3.5) aus den Messdaten bestimmt wurden. Vergleicht man den Konstantanteil (Abbildung 6.13(d)) mit den vorangegangenen Messungen z. B. in Abbildung 6.9 oder in

Abbildung 6.10, dann ist der Zeitverlauf der Signale sehr ähnlich. Dies ist eine weitere Bestätigung dafür, dass unter Einfluss des Magnetfeldes des Fassheizers durch die Rotationskomponente der Strömung ein Magnetfeld erzeugt wurde.

Die Interpretation der zeitlichen Verläufe der Amplituden ist deutlich schwieriger. Bis auf die Komponente b_r (Abbildung 6.13(c)) scheinen die Messwerte nicht mit der Rotationsänderung der Schmelze im Tiegel zu korrelieren. Die Magnetfeldkomponente b_z scheint sich zwar zu Beginn nach der Rotationsumkehr zum Zeitpunkt $t_1 = 3400\,\mathrm{s}$ zu ändern, jedoch ist keine Signaländerung bei der zweiten Rotationsumkehr zum Zeitpunkt $t_2 = 4200\,\mathrm{s}$ zu sehen. Ebenso reagiert b_φ nicht auf die Rotationsänderung zum Zeitpunkt t_1. Die Ursache der beiden Amplitudenänderungen vor und nach der Rotationsänderung zum Zeitpunkt t_2 lässt sich nicht eindeutig einem Strömungsphänomen im Tiegel zuordnen.

Einzig die Magnetfeldkomponente b_r scheint ein von der Schmelze induziertes Magnetfeld zu zeigen. Da der Verlauf eher dem Verlauf von b_r mit statischem Messfeld entspricht, muss das zugehörige Erregermagnetfeld eine starke radiale Komponente besitzen. Dies kann sogar der Fall sein, da die Spule im Verhältnis zum Tiegel etwas zu tief sitzt, und sich die Schmelze oberhalb der Spule befindet. Das Signal der Gradientensonde konnte nicht ausgewertet werden, da sie während der gesamten Messung übersteuert war.

6.3 Schlussfolgerung

Die ersten Messungen an einer Kristallzüchtungsanlage bei der Siltronic AG in Burghausen haben gezeigt, dass trotz des großen Abstandes der Schmelze zur Sonde das induzierte Magnetfeld außerhalb der Anlage messbar ist. Bei der Änderung der Richtung der Rotation konnte eindeutig der Umkehrprozess und die Adaption der Strömung an die neue Richtung im induzierten Magnetfeld gemessen werden. Dabei ergab sich, dass die Heizer ein sehr stabiles Magnetfeld ohne starkes Rauschen erzeugen, und somit zur Messung des induzierten Magnetfeldes nicht ausgeschaltet werden müssen. Das Magnetfeld des Fassheizers kann sogar aufgrund der Stärke von einigen mT als Messfeld für CIFT eingesetzt werden, wobei durch seine nicht axialsymmetrische Struktur die dominante Rotationskomponente der Strömung im induzierten Magnetfeld sichtbar wird.

Für den Einsatz für CIFT müsste jedoch der Strom des Heizers mit einer charakteristischen Frequenz moduliert werden, um das induzierte Magnetfeld bei der Messung von Störungen aus der Umgebung trennen zu können. Die Erfahrungen aus dieser Versuchsreihe zeigen deutlich, dass auf die Positionierung der Magnetfeldsonden an der Kristallzüchtungsanlage besonders zu achten ist, da sich die starken Magnetfelder der Heizer und der Messspule addieren, und somit leicht Positionen existieren, an denen eine Magnetfeldkomponente stärker als 1.2 mT ist, wodurch die Fluxgatesonden übersteuert werden.

Bei einer erneuten Messung müsste für die Fluxgatesonden eine optimale Position gesucht werden, bei der das Magnetfeld der Heizer minimal wird und somit ein stärkeres Magnetfeld der Messspule möglich ist. Um die Einflüsse des Magnetfeldes aus der Umgebung, wie z. B. das Magnetfeld der Magnetsysteme nebenstehender Anlagen zu minimieren, ist der Einsatz eines Wechselfeldes als Messfeld notwendig. Der weitere Vorteil des Wechselfeldes ist, dass auch Induktionsspulen als Magnetfeldsonden eingesetzt werden können, die nicht durch das statische Magnetfeld der Heizer beeinflusst werden.

7 Zusammenfassung und Ausblick

Die kontaktlose induktive Strömungstomographie (CIFT) ermöglicht die Rekonstruktion der großskaligen Anteile des dreidimensionalen Geschwindigkeitsfeldes in einem elektrisch leitenden Fluid aus der Messung der Veränderung zweier von außen nacheinander angelegter Magnetfelder. Zur Demonstration dieser neuen Messtechnik war ein Experiment aufgebaut worden, bei dem eine dreidimensionale Strömung, die ein Propeller in einem mit Flüssigmetall gefüllten Zylinder erzeugte, aus der Messung der Verzerrung zweier orthogonal zueinander stehenden von außen angelegten Magnetfelder rekonstruiert wurde. Dabei konnten die sich aus der Pumprichtung ergebenden zwei unterschiedlichen Strömungsstrukturen eindeutig detektiert werden.

Auf Basis dieser ersten Ergebnisse wurde in der vorliegenden Arbeit untersucht, ob sich diese Messtechnik auch bei industriell relevanten Anwendungen wie beim kontinuierlichen Stranggießen oder beim Ziehen von monokristallinen Siliziumkristallen einsetzen lässt. Infolge der geringeren Strömungsgeschwindigkeiten und des nötigen größeren Abstands der Sonden zur Schmelze verringert sich im Vergleich zum Demonstrationsexperiment das Verhältnis zwischen induziertem und angelegtem Magnetfeld um mehrere Größenordnungen. Somit stand nicht nur die Anpassung der Rekonstruktion an die realen Anwendungen sondern auch die Verbesserung der Messtechnik im Vordergrund, um die Messung des Magnetfeldes unabhängiger von Störungen aus der Umgebung zu machen.

Ein Schwerpunkt dieser Arbeit war die Adaption der kontaktlosen induktiven Strömungstomographie an das kontinuierliche Stranggießen, wobei als erster Schritt das dominierende zweidimensionale Geschwindigkeitsfeld in einer für das Brammengießen eingesetzten Kokille rekonstruiert werden sollte. Die Kenntnis dieser Strömung ist beim Stahlgießen von großer Bedeutung, da durch die Strömung u.a. entscheidend der Transport von Gasblasen und Schlackestückchen beeinflusst wird, die eingebaut in den erstarrten Stahl als Einschlüsse die Qualität des Produkts mindern. Aufgrund der hohen Temperatur des flüssigen Stahls von etwa 1500 °C sind bisher nur wenige, teils grobe Messmethoden verfügbar, die aber nur einzelne Geschwindigkeitskomponenten lokal in der Schmelze bestimmen können. Deshalb bietet sich der Einsatz von CIFT besonders an, mit dem das dominierende zweidimensionale Geschwindigkeitsfeld in der gesamten Kokille gemessen werden kann.

Die Adaption von CIFT an das kontinuierliche Stranggießen und auch die anschließenden Messungen wurden an der Mini-LIMMCAST-Anlage im Helmholtz-Zentrum Dresden-Rossendorf durchgeführt. Zunächst wurde für die Kokille mit Simulationen untersucht, ob das induzierte Magnetfeld außerhalb der Kokille in einer messbaren Größenordnung liegt und an welchen Stellen die günstigsten Positionen für Magnetfeldsonden zu finden sind. Die Simulation ergab, dass für ein vorwiegend vertikales Magnetfeld, das von einer rechteckigen Spule um die Kokille erzeugt wird, das stärkste durch die Strömung induzierte Magnetfeld entlang der Schmalseite der Kokille zu finden ist. Anschließend wurde für drei unterschiedliche Anordnungen von Sensoren die Strömung aus dem simulierten induzierten Magnetfeld mit einer Korrelation von 78 % rekonstruiert. Dazu wurde der Rekonstruktionsalgorithmus an ein zweidimensionales Geschwindigkeitsfeld mit Einströmung angepasst. Durch eine Messung des induzierten Magnetfeldes mit einem Sensor entlang der Schmalseite der Kokille konnte die Simulation bestätigt werden. Ebenso ergab sich eine gute Übereinstimmung der durch CIFT rekonstruierten Strömung mit einer unabhängigen UDV-Messung.

Für eine zeitabhängige Rekonstruktion der Geschwindigkeit in der Kokille wurde ein System mit jeweils 7 Sonden entlang jeder Schmalseite aufgebaut. Mit diesem System wurde eine Versuchsreihe für den im Stahlguss wichtigen Fall des Einblasens von Argon in das Tauchrohr durchgeführt. Dabei konnte bei hohen Gasdurchflüssen visualisiert werden, wie die Strömung in der Kokille mehrfach von einem Doppelwirbel zu einem Einzelwirbel und umgekehrt wechselte. Das konnte auch durch die begleitenden UDV-Messungen bestätigt werden. Bei einer weiteren Versuchsreihe mit einem Tauchrohr mit nur einer Öffnung konnte mit CIFT die Veränderung der Position der entstehenden Wirbel durch Rühren am Tauchrohr rekonstruiert werden. Somit ist CIFT in der Lage, die wichtigen globalen zweidimensionalen Strömungsstrukturen in einer Kokille für das Brammengießen verlässlich zu visualisieren.

Während dieser Messungen zeigte sich, dass schon kleinste Änderungen des Umgebungsmagnetfeldes, die z. B. durch das Öffnen einer Stahlschranktür in 2 m Entfernung entstehen, in der gleichen Größenordnung liegen, wie das zu messende induzierte Magnetfeld. Beim Einsatz in einer realen Umgebung im Stahlwerk sind solche Störungen unvermeidbar. Um unabhängiger von diesen Einflüssen zu sein, wurden sowohl die Messung des räumlichen Gradienten des induzierten Magnetfeldes als auch der Einsatz eines Wechselfeldes als Messfeld untersucht. Das Wechselfeld hat den zusätzlichen Vorteil, Induktionsspulen als Sonden einsetzen zu können, die unabhängig von statischen Magnetfeldern sind, wie sie z. B. von magnetischen Bremsen erzeugt werden. Alle diese Erweiterungen sind nicht spezifisch für das kontinuierliche Stranggießen, sondern können auch bei anderen Anwendungen eingesetzt werden.

Zudem wurde CIFT auf den Fall leitfähiger Wände erweitert, die u.a. beim kontinuierlichen Stranggießen zu berücksichtigen sind, da sowohl die Kokille als auch die entstehende Gießhaut eine andere Leitfähigkeit als der flüssige Stahl aufweisen. Als Validierung des modifizierten Integralgleichungssystems wurden einige Messungen mit Kupfereinsätzen in der Kokille durchgeführt, wobei die Simulation mit der Messung gut übereinstimmte.

Ein weiterer Schwerpunkt dieser Arbeit waren die ersten Magnetfeldmessungen für CIFT an einer in der Industrie eingesetzten Czochralski-Ziehanlage. Dabei stand die Frage im Vordergrund, ob die Magnetfelder, die durch die poloidale Sekundärströmung und dem von außen angelegten axialen Magnetfeld induziert werden, außerhalb der Anlage überhaupt messbar sind. Das Problem, das hier auftritt, ist der große Abstand zwischen Schmelze und Sensor, der sich aus dem Aufbau der Anlage ergibt. Hinzu kommen Störungen, die sich aus dem von den Heizern erzeugten Magnetfeld und aus der Änderung des Umgebungsmagnetfeldes zusammensetzen. Eine solche Störung entsteht z. B. durch die Änderung der Magnetfeldstärke der zur Strömungsbeeinflussung eingesetzten Magnetfelder an einer anderen Anlage in der Halle.

Bei den ersten Messungen wurde eine 3D-Fluxgatesonde und eine Fluxgate-Gradientensonde zur Messung des Magnetfeldes an der Anlage eingesetzt. Zusätzlich detektierte eine weitere 3D-Fluxgatesonde, die in einiger Entfernung zur Anlage platziert war, das Umgebungsmagnetfeld, so dass nur solche Experimente ausgewertet wurden, bei denen das Umgebungsmagnetfeld konstant war. Um eine starke durch die Strömung induzierte Magnetfeldänderung zu erzeugen, wurde die Rotationsrichtung des Tiegels gewechselt, was eine starke poloidale Sekundärströmung erzeugte. Bei einem Rotationswechsel mit ausgeschalteten Heizern konnte ein sehr kleines durch die Strömung induziertes Magnetfeld gemessen werden. Während der Messung stellte sich heraus, dass die Heizer ein sehr stabiles Magnetfeld liefern. Der Fassheizer erzeugt ein starkes transversales Magnetfeld, so dass ein von der Rotationsgeschwindigkeit abhängiges Magnetfeld induziert wurde, das ebenfalls gemessen werden konnte. Somit wurde gezeigt, dass trotz des großen Abstands der Sonden zur Schmelze das durch die Strömung induzierte Magnetfeld außerhalb der Anlage messbar ist.

Basierend auf den Ergebnissen dieser Arbeit ließen sich folgende weiterführende Untersuchungen durchführen: Um die Skalierbarkeit von CIFT auf größere Anlagen für das kontinuierliche Stranggießen zu untersuchen, bietet sich an, die Strömung in der größeren Kokille der LIMMCAST-Anlage zu rekonstruieren. Erste Testmessungen geben die Hoffnung, dass die Strömung auch in dieser größeren Kokille rekonstruierbar ist.

Weiterhin müsste die Auswirkung der Oszillation der Kokille auf die Messung des induzierten Magnetfeldes genauer betrachtet werden. In einer industriellen Stranggießanlage sind wahrscheinlich sowohl die Spule für das Messfeld als auch die Magnetfeldsonden an der Halterung der Kokille zu montieren, so dass sich die Spule und die Sonden mit der Kokille mitbewegen.

Aufgrund der erfolgreichen Messung des induzierten Magnetfeldes mit Induktionsspulen, sollte auch die Möglichkeit betrachtet werden, CIFT bei aktiver Magnetfeldbremse zu testen. Dabei muss jedoch der Effekt der großen magnetischen Polschuhe der Magnetfeldbremse auf das von außen angelegte und auch auf das induzierte Magnetfeld berücksichtigt werden. Wäre eine solche Messung möglich, könnte CIFT für eine aktive Strömungskontrolle eingesetzt werden, indem nach Messung der Strömung in der Kokille das Bremsmagnetfeld in geeigneter Weise angepasst wird. Will man sich nicht nur auf Kokillen für Brammen beschränken, sondern auch die Strömung in Kokillen für Rundstahl oder Knüppel messen, wäre eine Erweiterung von CIFT zu einer dreidimensionalen Rekonstruktion in der Kokille wünschenswert.

Parallel dazu sollten auch weitere Messungen an einer Kristallzüchtungsanlage mit mehreren Magnetfeldsonden durchgeführt werden. Bei Einsatz der Fluxgatesonden ist besonders auf die Stärke der Magnetfelder zu achten, die durch die Heizer und das Messfeld entstehen, damit die Fluxgatesonden nicht übersteuern. Dabei wäre es auch hier sinnvoll, Induktionsspulen einzusetzen. Durch eine zeitabhängige Simulation der Strömung bei Rotationsumkehr könnte genauer untersucht werden, welche induzierten Magnetfelder außerhalb der Anlage zu erwarten sind.

Um die Geschwindigkeiten in radialer Richtung besser auflösen zu können, wäre es unter Ausnutzung des Skin-Effekts möglich, Magnetfeldmessungen mit unterschiedlichen Frequenzen durchzuführen, um so Informationen über die Strömung aus unterschiedlichen Tiefen „abzuschälen“.

Während lokale Sonden oder UDV immer Messtechniken sein werden, die für einzelne Versuchsreihen herangezogen werden können, hat CIFT darüber hinaus das Potential für eine permanente Überwachung der Strömung in Flüssigmetallanlagen. Dies ist für die Optimierung und den sicheren Betrieb solcher Anlagen von wesentlicher Bedeutung und könnte für weitere Anwendungen flüssiger Metalle, wie z. B. als Wärmeträger in Solarkraftwerken, als Target für Neutronenquellen oder bei der CO_2-freien Wasserstoffproduktion durch Erdgas-Pyrolyse sehr attraktiv sein.

Abbildungsverzeichnis

Symbolverzeichnis

A	Fläche
$\mathbf{b}$	induziertes Magnetfeld
$\hat{b}$	an einer Magnetfeldsonde gemesser Wert
b_A	Amplitude des Signals am Magnetfeldsensor für eine Messung mit Wechselfeld
b_x, b_y, b_z	Magnetfeldkomponenten des induzierten Magnetfeldes im kartesischen Koordinatensystem
b_r, b_φ, b_z	Magnetfeldkomponenten des induzierten Magnetfeldes im zylindrischen Koordinatensystem
$\tilde{b}$	Signal am Magnetfeldsensor für eine Messung mit Wechselfeld
b_G	Felddifferenz des induzierten Magnetfeldes an einer Gradientensonde
b_{Gr}	Felddifferenz des induzierten Magnetfeldes an einer Gradientensonde in radialer Richtung
B_0	Stärke des angelegten Messfeldes
b	Stärke des induzierten Magnetfeldes
$\tilde{B}$	Konstantanteil einer Messung mit Wechselfeld
$\mathbf{B}_0$	angelegtes Magnetfeld
$\mathbf{B}$	Summe des induzierten und angelegten Magnetfeldes
c_0	Lichtgeschwindigkeit im Vakuum
$\mathrm{Corr}(\mathbf{w}, \mathbf{w}')$	Korrelation zweier Vektorfelder
$\mathbf{C}, \mathbf{G}, \mathbf{M}, \mathbf{R}, \mathbf{S}, \mathbf{T}, \mathbf{U}$	Matrizen
$\mathbf{D}$	dielektrische Verschiebung
d	Abstand
$\mathbf{E}$	elektrisches Feld
$\mathbf{e}_x, \mathbf{e}_y, \mathbf{e}_z$	Einheitsvektoren im kartesischen Koordinatensystem
$\mathrm{Err}(\mathbf{w}, \mathbf{w}')$	Mittlere quadratische Abweichung der Vektorfelder $\mathbf{w}$ und $\mathbf{w}'$
$\mathbf{f}$	Lorentzkraft

$\mathbf{F}$	beliebiges Vektorfeld
f	Frequenz
$\mathbf{H}$	magnetische Feldstärke
H	Höhe eines Zylinders
$\mathbf{h}$	Achse eines Sensors
$\mathbf{I}$	Einheitsmatrix
$\mathbf{j}$	Stromdichte
N, M, n	Anzahl
$\mathbf{n}$	Normalenvektor der Oberfläche
n_{vol}	Anzahl der Volumenelemente
n_{surf}	Anzahl der Oberflächenelemente
n_{sens}	Anzahl der Sensoren
R	Radius eines Zylinders
r	Radius
$\mathbf{r}$,$\mathbf{r}'$	Ortsvektoren im Volumen
Rm	magnetische Reynolds-Zahl
Re	Reynolds-Zahl
$\mathbf{s}$,$\mathbf{s}'$	Ortsvektoren an der Oberfläche
S	Flächenstück
$\mathcal{S}$	Menge der Oberflächenpartitionen mit unterschiedlicher Leitfähigkeitsänderung
t	Zeit
u	Spannung
V	Volumenelement
$\mathbf{v}$	Geschwindigkeitsfeld
$\tilde{\mathbf{v}}$	$3n_{vol}$-dimensionaler Vektor
v_x, v_y, v_z	Geschwindigkeitskomponenten im kartesischen Koordinatensystem
v_r, v_φ, v_z	Geschwindigkeitskomponenten im zylindrischen Koordinatensystem
x, y, z	Komponenten im kartesischen Raum
$\mathbf{x}, \mathbf{y}$	Vektoren

Griechische Symbole

δ	Eindringtiefe eines Magnetfeldes bei gegebener Frequenz

ϵ_0	Permittivität im Vakuum
ϵ	Permittivität
θ	Phasenverschiebung
λ_2	Wirbelkriterium
φ	Potential
$\tilde{\varphi}$	n_{surf}-dimensionaler Vektor
μ_0	magnetische Permeabilität des Vakuums
μ	magnetische Permeabilität
κ	Krümmung einer Funktion
ψ, ϕ	beliebige Skalarfelder
ν	kinematische Viskosität
τ	Spin-Up Zeit
τ_e	Ladungsrelaxationszeit
ρ	Ladungsdichte
σ	elektrische Leitfähigkeit
σ_{reg}	Parameter der Tikhonov-Regularisierung
σ^*_{reg}	optimaler Parameter der Tikhonov-Regularisierung
σ_{div}	Maß für die erlaubte Divergenz der rekonstruierten Strömung
σ_{2D}	Parameter für die zweidimensionale Rekonstruktion
σ_{inlet}	Maß für die Einströmung
$\sigma_{B_{0x}}, \sigma_{B_{0z}}$	angenommener a-priori Messfehler für angelegte Messfelder
ω	Kreisfrequenz
Ω	Rotationsfrequenz

Abkürzungen

CIFT	Kontaktlose Induktive Strömungstomographie (Contactless Inductive Flow Tomography)
GPU	Graphikprozessor (Graphics Processing Unit)
HZDR	Helmholtz-Zentrum Dresden-Rossendorf
LIMMCAST	Liquid Metal Model of continuous CASTing
LDA	Laser-Doppler Anemometrie
MEG	Magnetoenzephalographie
MHD	Magnetohydrodynamik
MIT	Mutual Inductance Tomography
MKG	Magnetokardiographie

PIV	Particle Image Velocimetry
UDV	Ultraschall-Doppler-Verfahren zur Geschwindigkeitsmessung
upm	Umdrehungen pro Minute

Literaturverzeichnis

[1] ANDERSON, E., Z. BAI, C. BISCHOF, S. BLACKFORD, J. DEMMEL, J. DONGARRA, J. DU CROZ, A. GREENBAUM, S. HAMMARLING, A. MCKENNEY und D. SORENSEN: *LAPACK Users' Guide*. Society for Industrial and Applied Mathematics, Philadelphia, PA, Third Aufl., 1999.

[2] ARNOLD, V. L. und B. A. KHESIN: *Topological methods in hydrodynamics*. Springer, 1998.

[3] BARNARD, A. C., I. M. DUCK und M. S. LYNN: *The application of electromagnetic theory to electrocardiology: I. Derivation of the integral equations*. Biophysical Journal, 7(5):443 – 462, 1967.

[4] BARNARD, A. C., I. M. DUCK, M. S. LYNN und W. P. TIMLAKE: *The application of electromagnetic theory to electrocardiology: II. Numerical solution of the integral equations*. Biophysical Journal, 7(5):463 – 491, 1967.

[5] BAUMGARTL, J., A. HUBERT und G. MÜLLER: *The use of magnetohydrodynamic effects to investigate fluid flow in electrically conducting melts*. Physics of Fluids A, 5(12):3280–3289, 1993.

[6] BERKOV, D. V. und N. L. GORN: *Reconstruction of the velocity distribution in conducting melts from induced magnetic field measurements*. Computer Physics Communications, 86(3):255–263, 1995.

[7] BINNS, R., A. R. LYONS, A. J. PEYTON und W. D. PRITCHARD: *Imaging molten steel flow profiles*. Measurement Science & Technology, 12(8):1132–1138, 2001.

[8] CRAMER, A., S. ECKERT, V. GALINDO, G. GERBETH, B. WILLERS und W. WITKE: *Liquid metal model experiments on casting and solidification processes*. Journal of Materials Science, 39(24):7285–7294, 2004.

[9] Cukierski, K. und B. G. Thomas: *Flow control with local electromagnetic braking in continuous casting of steel slabs*. Metallurgical and Materials Transactions B, 39(1):94–107, 2008.

[10] Dauby, P. H., M. B. Assar und G. D. Lawson: *PIV and MFC measurements in a continuous caster mould. New tools to penetrate the caster black box*. Revue De Metallurgie, 98(4):353–366, 2001.

[11] Dauby, P. H. und S. Kunstreich: *Electromagnetic stirring in slab caster molds - what and why*. ISS International Technology Conference & Exhibition, 2004.

[12] Davidson, P. A.: *An introduction to magnetohydrodynamics*. Cambridge University Press, 2001.

[13] Eckert, S., A. Cramer und G. Gerbeth: *Magnetohydrodynamics: historical evolution and trends*, Kap. Velocity measurments techniques for liquid metal flows, S. 275–194. Springer, 2007.

[14] Eckert, S., G. Gerbeth, T. Gundrum und F. Stefani: *Velocity measurements in metallic melts*. Proceedings of the ASME Fluids Engineering Division Summer Conference, S. 49–56, 2005.

[15] Eckert, S., G. Gerbeth und V. I. Melnikov: *Velocity measurements at high temperatures by ultrasound Doppler velocimetry using an accustic wave guide*. Experiments in Fluids, 25(5):381–338, 2003.

[16] Eckert, S., G. Gerbeth, D. Räbiger, B. Willers und C. Zhang: *Experimental modelling using low melting point metallic melts: Relevance for metallurgical engineering*. Steel Research International, 78(5):419–425, 2007.

[17] Einstein, A.: *A theory on the basics of thermodynamics*. Annalen der Physik, 11:170–187, 1903.

[18] Faires, J. D. und R. Burden: *Numerical methods*. Spektrum Akademischer Verlag, 2003.

[19] Gardin, P., J. M. Galpin, M. C. Regnier und J. P. Radot: *Electromagnetic brake influence on molten steel flow and inclusion behaviour in a continuous casting mold*. Magnetohydrodynamics, 32:189–195, 1996.

[20] Geselowitz, D. B.: *On bioelectric potentials in an inhomogeneous volume conductor*. Biophysical Journal, 7(1):1–11, 1967.

[21] GESELOWITZ, D. B.: *On the magnetic field generated outside an inhomogeneous volume conductor by internal current sources.* IEEE Transactions on Magnetics, 6(2):346–347, 1970.

[22] GRATTA, C., V. PIZELLA, F. TECCHIO und G. L. ROMANI: *Magnetoencephalography – a noninvasive brain imaging method with 1 ms time resolution.* Reports on Progress in Physics, 64:1759–1814, 2001.

[23] GREENSPAN, H. P.: *The theory of rotating fluids.* Brookline, 1990.

[24] HADAMARD, J.: *Lectures on the cauchy problem in linear partial differential equations.* Yale University Press, 1923.

[25] HÄMÄLÄINEN, M., R. HARI, R. J. ILMONIEMI, J. KNUUTILA und O. V. LOUNASMAA: *Magnetoencephalography—theory, instrumentation, and applications to noninvasive studies of the working human brain.* Reviews of Modern Physics, 65:413–497, 1993.

[26] HANSEN, P. C.: *Analysis of discrete ill-posed problems by means of the L-curve.* Siam Review, 34(4):561–580, 1992.

[27] HANSEN, P. C. und D. P. OLEARY: *The use of the L-curve in the regularization of discrete ill-posed problems.* Siam Journal On Scientific Computing, 14(6):1487–1503, 1993.

[28] HARADA, H., T. TOH, T. ISHII, K. KANEKO und E. TAKEUCHI: *Effect of magnetic field conditions on the electromagnetic braking efficiency.* Iron and Steel Institute of Japan International, 41(10):1236–1244, 2001.

[29] JACKSON, J. D.: *Klassische Elektrodynamik.* de Gruyter, 2002.

[30] JEONG, J. und F. HUSSAIN: *On the identification of a vortex.* Journal of Fluid Mechanics, 285:69–94, 1995.

[31] JULIUS, E.: *Flow velocity and two phase flow measurement in steel production.* In: *Presentation at the first International Workshop on Measuring Techniques for Liquid Metal Flows, Dresden*, 1999.

[32] KAIMOTO, K., M. EGUCHI, H. WATANABE und T. HIBIYA: *Direct observation by x-ray radiography of convection of molten silicon in the Czochralski growth method.* Journal of Crystal Growth, 88(5):365–370, 1988.

[33] KASUGA, M., I. FUKAI, M. AMANO und K. KUMOYAMA: *Remote sensing of induced electric current in melt for magnetic czochralski crystal growth.* Japanese Journal of Applied Physics Part 2, 32(8A):L1103–L1105, 1993.

[34] KRAUZE, A., A. MUIZNIEKS, A. MÜLBAUER, T. WETZEL und W. VON AMMON: *Numerical 3D modelling of turbulent melt flow in large CZ system with horizontal DC magnetic field - I: flow structure analysis.* Journal of Crystal Growth, 262(1-4):157–167, 2004.

[35] KUNSTREICH, S. und P. H. DAUBY: *Effect of liquid steel flow pattern on slab quality and the need for dynamic electromagnetic control in the mould.* Ironmaking & Steelmaking, 32(1):80–86, 2005.

[36] LI, B. K. und F. TSUKIHASHI: *Effects of electromagnetic brake on vortex flows in thin slab continuous casting mold.* Iron and Steel Institute of Japan International, 46(12):1833–1838, 2006.

[37] LOMB, N. R.: *Least-squares frequency analysis of unequally spaced data.* Astrophysics and Space Science, 39:447–462, 1976.

[38] MA, X., A. J. PEYTON, S. R. HIGSON und P. DRAKE: *Development of multiple frequency electromagnetic induction systems for steel flow visualization.* Measurement Science & Technology, 19(9):094008, 2008.

[39] MA, X., A. J. PEYTON, S. R. HIGSON, A. LYONS und S. J. DICKINSON: *Hardware and software design for an electromagnetic induction tomography (EMT) system for high contrast metal process applications.* Measurement Science & Technology, 17(1):111–118, 2006.

[40] MELISSARI, B. und S. A. ARGYROPOULOS: *Measurement of magnitude and direction of velocity in high-temperature liquid metals. Part I: Mathematical modeling.* Metallurgical and Materials Transactions B, 36(5):691–700, 2005.

[41] MELISSARI, B. und S. A. ARGYROPOULOS: *Measurement of magnitude and direction of velocity in high-temperature liquid mctals. Part II: Experimental measurements.* Metallurgical and Materials Transactions B, 36(5):639–649, 2005.

[42] MIKROVAS, A. C. und S. A. ARGYROPOULOS: *Measurement of velocity in high-temperature liquid-metals.* Metallurgical and Materials Transactions B, 24(6):1009–1022, 1993.

[43] Mills, K. C. und A. Fox: *The role of mould fluxes in continuous casting – so simple yet so complex*. Iron and Steel Institute of Japan International, 43:1479–1486, 2003.

[44] Moon, K. H., K. Shin, B. J. Kim, J. Y. Chung, Y. S. Hwang und J. K. Yoon: *Flow control of molten steel by electromagnetic brake in the continuous casting mold*. Iron and Steel Institute of Japan International, 36:201–203, 1996.

[45] Müller, U. und L. Bühler: *Magnetofluiddynamics in channels and containers*. Springer, 2001.

[46] Okazawa, K., T. Toh, J. Fukuda, T. Kawase und M. Toki: *Fluid flow in a continuous casting mold driven by linear induction motors*. Iron and Steel Institute of Japan International, 41(8):851–858, 2001.

[47] OpenMP Architecture Review Board: *OpenMP application program interface, version 3.1*, 2011.

[48] Peyton, A. J., Z. Yu, G. Lyon, S. Zeibak, J. Ferreira, J. Velez, F. Linhares, A. R. Borges, H. L. Xiong, N. H. Saunders und M. S. Beck: *An overview of electromagnetic inductance tomography: Description of three different systems*. Measurement Science & Technology, 7(3):261–271, 1996.

[49] Plevachuk, Y., V. Sklyarchuk, G. Gerbeth und S. Eckert: *Thermophysical properties of liquid tin-bismuth alloys*. International Journal of Materials Research, 101(7):839–844, 2010.

[50] Priede, J., D. Buchenau und G. Gerbeth: *Contactless electromagnetic phase-shift flowmeter for liquid metals*. Measurement Science & Technology, 22:055402, 2011.

[51] Rieder, A.: *Keine Probleme mit Inversen Problemen*. Vieweg Verlag, 2003.

[52] Saad, S. und J. Majdalani: *Extension of Kelvin's minimum energy theorem to flows with open regions*. In: Saad, T. (Hrsg.): *American Institute of aeronautics and astronautics Fluid dynamics conference*, Chicago, Illinois, 2010.

[53] Scargle, J. D.: *Studies in astronomical time series analysis. II - Statistical aspects of spectral analysis of unevenly spaced data*. The Astrophysical Journal, 263:835–853, 1982.

[54] Shercliff, J. A.: *The theory of electromagnetic flow-measurement*. Cambridge Press, 1962.

[55] SJÖSTRÖM, U.: *Sensors for non-contact velocity measurements for continuous casting of steel.* In: *Presentation at the 2nd International Workshop on Measuring Techniques for Liquid Metal Flows, Dresden*, 2007.

[56] STEFANI, F. und G. GERBETH: *Velocity reconstruction in conducting fluids from magnetic field and electric potential measurements.* Inverse Problems, 15(3):771–786, 1999.

[57] STEFANI, F. und G. GERBETH: *A contactless method for velocity reconstruction in electrically conducting fluids.* Measurement Science & Technology, 11(6):758–765, 2000.

[58] STEFANI, F. und G. GERBETH: *On the uniqueness of velocity reconstruction in conducting fluids from measurements of induced electromagnetic fields.* Inverse Problems, 16(1):1–9, 2000.

[59] STEFANI, F., G. GERBETH und K. H. RÄDLER: *Steady dynamos in finite domains: an integral equation approach.* Astronomische Nachrichten, 321(1):65–73, 2000.

[60] STEFANI, F., T. GUNDRUM und G. GERBETH: *Contactless inductive flow tomography.* Physical Review E, 70(5):056306, 2004.

[61] STOER, J.: *Numerische Mathematik 1.* Springer Verlag, 2008. 8. Auflage.

[62] TAKATANI, K., K. NAKAI, N. KASAI, T. WATANABE und H. NAKAJIMA: *Analysis of heat transfer and fluid flow in the continuous casting mold with electromagnetic brake.* Iron and Steel Institute of Japan International, 29(12):1063–1068, 1989.

[63] TERZIJA, N., W. YIN, G. GERBETH, F. STEFANI, K. TIMMEL, T. WONDRAK und A. J. PEYTON: *Electromagnetic inspection of a two-phase flow of GaInSn and Argon.* Flow Measurement and Instrumentation, 22(1):10–16, 2011.

[64] TERZIJA, N., W. YIN, G. GERBETH, F. STEFANI, K. TIMMEL, T. WONDRAK und A. J. PEYTON: *Use of electromagnetic induction tomography for monitoring liquid metal/gas flow regimes on a model of an industrial steel caster.* Measurement Science & Technology, 22(1):015501, 2011.

[65] THESS, A., E. V. VOTYAKOV und Y. KOLESNIKOV: *Lorentz force velocimetry.* Physical Review Letters, 96(16):164501, 2006.

[66] THOMAS, B. G., Q. YUAN, S. SIVARAMAKRISHNAN, T. SHI, S. P. VANKA und M. B. ASSAR: *Comparison of four methods to evaluate fluid velocities in a continuous slab casting mold.* Iron and Steel Institute of Japan International, 41(10):1262–1271, 2001.

[67] THOMAS, B. G. und L. F. ZHANG: *Mathematical modeling of fluid flow in continuous casting.* Iron and Steel Institute of Japan International, 41(10):1181–1193, 2001.

[68] TIMMEL, K., S. ECKERT, G. GERBETH, F. STEFANI und T. WONDRAK: *Experimental modeling of the continuous casting process of steel using low melting point metal alloys – the LIMMCAST program.* Iron and Steel Institute of Japan International, 50(8):1134–1141, 2010.

[69] TOMOV, S., J. DONGARRA und M. BABOULIN: *Towards dense linear algebra for hybrid GPU accelerated manycore systems.* Parallel Computing, 36:232–240, 2010.

[70] TSUKAGUCHI, Y., S. FURUHASHI und M. KAWAMOTO: *Wood metal experiment of swirling flow submerged entry nozzle for round billet casting.* Iron and Steel Institute of Japan International, 44(2):350–355, 2004.

[71] TSUKAGUCHI, Y., H. HAYASHI, H. KURIMOTO, S. YOKOYA, K. MARUKAWA und T. TANAKA: *Development of swirling-flow submerged entry nozzles for slab casting.* Iron and Steel Institute of Japan International, 50(5):721–729, 2010.

[72] VOLKOV, V. und J. W. DEMMEL: *Benchmarking GPUs to tune dense linear algebra.* In: *International conference for high performace computing, networking, storage and analysis*, S. 499–509. IEEE, 2008.

[73] WATANABE, H., M. EGUCHI, K. KAIMOTO und T. HIBIYA: *Double-beam x-ray radiography system for thee-dimensional flow visualisation of molten silicon convection.* Journal of Crystal Growth, 133:23–28, 1993.

[74] WONDRAK, T., S. ECKERT, V. GALINDO, G. GERBETH, F. STEFANI, K. TIMMEL, A. J. PEYTON, W. YIN und S. RIAZ: *Liquid metal experiments with swirling flow submerged entry nozzle.* Ironmaking & Steelmaking, 39(1):1–9, 2012.

[75] WONDRAK, T., S. ECKERT, G. GERBETH, K. KLOTSCHE, F. STEFANI, K. TIMMEL, A. J. PEYTON, N. TERZIJA und W. YIN: *Combined electromagnetic tomography for determining two-phase flow characteristics in the submerged entry nozzle and in the mold of a continuous casting model.* Metallurgical and Materials Transactions B, 42(6):1201–1210, 2011.

[76] WONDRAK, T., V. GALINDO, G. GERBETH, T. GUNDRUM, F. STEFANI und K. TIMMEL: *Contactless inductive flow tomography for a model of continuous steel casting.* Measurement Science & Technology, 21(4):045402, 2010.

[77] WONDRAK, T., F. STEFANI, T. GUNDRUM und G. GERBETH: *Some methodological improvements of the contactless inductive flow tomography.* International Journal of Applied Electromagnetics and Mechanics, 30(3-4):255–264, 2009.

[78] WORLDSTEEL: *Steel Statistical Yearbook 2008.* World Steel Association, 2008.

[79] XU, M., F. STEFANI und G. GERBETH: *Integral equation approach to time-dependent kinematic dynamos in finite domains.* Physical Review E, 70(5):056305, 2004.

[80] ZHANG, L. F. und B. G. THOMAS: *State of the art in evaluation and control of steel cleanliness.* Iron and Steel Institute of Japan International, 43(3):271–291, 2003.